AF577856

MATTHIAS BERGER

SYSTEMISCHE FRAGETECHNIKEN für maximalen Erfolg im Beruf

Alle Ratschläge in diesem Buch wurden vom Autor und vom Verlag sorgfältig erwogen und geprüft. Eine Garantie kann dennoch nicht übernommen werden. Eine Haftung des Autors beziehungsweise des Verlags für jegliche Personen-, Sach- und Vermögensschäden ist daher ausgeschlossen.

Email: info@edition-lunerion.de
www.edition-lunerion.de

Psiana eCom UG
Berumer Str. 44
26844 Jemgum

Inhalt

Vorwort

Frustriert verlassen Sie das Büro Ihres Vorgesetzten— schon wieder war die Gehaltsverhandlung erfolglos. Schon wieder treten Sie auf der Stelle und scheinen im Beruf nicht voranzukommen— dabei waren Sie sich doch so sicher, dass sich die wochenlangen Vorbereitungen auf dieses äußerst wichtige Gespräch gelohnt hatten. Tagelanges Üben vor dem Spiegel und langwierige Verhandlungssimulationen mit ihrem Partner oder befreundeten Kollegen haben sich auch in dem Falle wieder einmal als unnütz herausgestellt. Der Frust steigt. Was bringt mir das denn alles überhaupt, wenn ich trotz starker Argumentationsstrategien immer wieder gegen die Wand laufe?

Diese Frage haben sich vermutlich einige von Ihnen mindestens schon einmal in ihrem Leben gestellt. Die Frage nach dem Warum begegnet uns ständig in unserem Berufsleben, sei es aus der Perspektive des Arbeitnehmenden, aber auch aus der des Arbeitgebenden. Warum wird mir die Beförderung verwehrt? Warum verbessert sich die Performance meiner Mitarbeiter nicht? Warum schaffe ich es nicht, mich (oder meine Mitarbeiter) zu motivieren?

Fragen über Fragen, jedoch finden wir selten Antworten oder Strategien, die uns erfolgreich zu unserem angestrebten Ziel führen. Oftmals werden uns die erhofften Erfolge entweder teilweise, wie zum Beispiel durch Kompromisse, mit denen Sie jedoch nicht zufrieden sind, oder gar vollständig verwehrt, was nicht selten mit einem Mangel an effektiven und überzeugenden Argumentations- und Arbeitsstrategien inhärent zusammenhängt. Die Themen Motivation und Performance werden in unserer modernen Arbeitswelt immer präsenter und beliebter, was sich unter anderem durch das Aufsprießen von sogenannten Motivations- oder Argumentations-Coaches kennzeichnet. Diese selbst ernannten Experten vermitteln oftmals nur oberflächliches Wissen, welches Ihnen als Lesende meist schon lange bekannt ist und nur in den seltensten Fällen auf sozialpsychologischen, wissenschaftlich fundierten Theorien, die sich tatsächlich mit den Funktionsmechanismen der menschlichen Psyche beschäftigen, basieren. Wenn es um die Entwicklung nachhaltiger und erfolgreicher Strategien geht, ist eine *one size fits all*-Herangehensweise, welche laut vielen Coaches und Ratgebern für jede Person die richtige ist, nicht der korrekte Weg. Auch den meisten Chefs oder Personalabteilungs-Mitarbeiter sind diese stereotypischen Methoden mittlerweile bekannt. Sie realisieren größtenteils rasch, wenn ihr Gegenüber nicht aus eigener Überzeugung spricht, sondern nur Sätze aus dem neusten Ratgeber für Verhandlungssituationen zitiert, was zwar nicht per se als schlecht oder gar falsch gelten muss, jedoch durchaus signalisieren kann, dass sich potenziell keine tiefergreifenden Gedanken über sich selbst und seine Ziele gemacht wurden.

Natürlich ist dies ein etwas extremes Beispiel, aber es stellt dennoch ein Szenario dar, welches auch in der Realität auf ähnliche Art und Weise vorkommen könnte, weshalb eine personalisierte Vorgehensweise in vielen Fällen die weisere Wahl darstellt. Vielmehr geht es also darum, uns selbst kennenzulernen; vielmehr müssen wir selbst durch unsere eigene Kraft herausarbeiten, was uns im Weg steht (sei es die eigene Motivation oder ein sturer Chef – die Gründe sind sehr divers); vielmehr gilt es am Ende dieser persönlichen Reflexion, unser berufliches Schicksal selbst fest in die Hand zu nehmen und maßgeschneiderte Vorgehensweisen zu entwickeln, die uns zu neuen Höhen im Job katapultieren.

Genau dies ist das Ziel des Ihnen vorliegenden Buches. Die Mission ist es, Ihnen personalisierbare, gut in den Alltag integrierbare und wissenschaftlich basierte Strategien an die Hand zu geben, die sich in ihrer korrekten Anwendung durch eine hohe Effektivität, größeren Erfolg und sichtbar gesteigertem Ehrgeiz kennzeichnen. Dabei ist es von äußerster Wichtigkeit, auf Erkenntnisse und Theorien zurückzugreifen, in denen der Erfolg der erforschten Methoden deutlich sichtbar wird – Theorien, die sich bereits in verschiedensten Kontexten beweisen konnten und somit als äußerst valide gelten. Sie werden sicherlich schon bald schnell feststellen können, welches Potential diese Methoden mit sich bringen.

Systematisch zum Erfolg

Unternehmen entwickeln sich immer rascher. In allen Sparten eines Konzerns finden ständig Änderungen statt, von welchen alle Beteiligten betroffen sind. Egal, ob Chef oder Mitarbeiter, Angestellter oder Führungskraft – wir alle sind ein Teil dieses sich ständig verändernden Systems. Ein System, welches auf Zusammenarbeit, Kooperation und Ko-Konstruktion (ein Begriff, den wir uns später noch genauer anschauen werden) beruht. Ein System, in dem alles auf irgendeine Weise miteinander verzweigt ist und in einer Art Symbiose harmoniert. So sollte dies zumindest im Idealfall aussehen, doch leider trifft das nicht auf jedes Unternehmen, jede Abteilung oder gar jedes Team zu. Oftmals ist die Sichtweise auf gewisse Themen etwas eingeengt. Prozessabläufe werden nicht in ihrer Gänze betrachtet und Problemsituationen gar nicht oder nur schlecht analysiert – unsere Wahrnehmung ist also enorm eingeschränkt. Auch Faktoren wie beispielsweise vermeidbare Konflikte halten uns davon ab, positiv und konstruktiv miteinander zu agieren. Wir klammern uns an kleinen Problemen fest, arbeiten an völlig falschen Stellen, an denen eigentlich nicht gearbeitet werden muss (da dort nicht das Grundproblem vergraben liegt), oder aber suchen erst gar nicht nach den Gründen für unser Scheitern. Wir wissen oftmals auch nicht, wie der richtige Einsatz von Ressourcen *(beispielsweise auf materielle Ressourcen oder auf unsere Talente bezogen)* funktioniert und verschwenden als Folge dessen sowohl Zeit als auch Geld. Doch wie schaffen wir es nun, die Waage wieder in den positiven Bereich zu bringen? Wie schaffen wir es, Änderungen herbeizuführen, die uns langfristig zu mehr Erfolg und Effizienz verhelfen? Dazu stehen uns die sogenannten systemischen Fragen und eine Vielzahl an Methoden, welche mit diesen kombiniert werden können, zur Verfügung. Denn alles hängt in einem System – also in einem Unternehmen, Team oder in einer Abteilung – voneinander ab. Die Definition des Begriffs systemisch wollen wir natürlich in Kürze klären, sodass Sie schon sehr bald mit der Anwendung der aufgeführten Methoden loslegen können.

Die systemische Beratung hat in den letzten Jahren immer mehr an Popularität gewonnen. Viele Beratende wollen ihrer Kundschaft eine allumfassende, facettenreiche Methode zur Verbesserung von Leistungen an die Hand geben, die nicht nur oberflächliche Themen anspricht, sondern tief in die Sphären eines Systems abtaucht. Es lohnt sich also, eine gewisse Portion Mühe in die Erarbeitung von Besserungs-, Erfolgs- sowie Effizienzstrategien einfließen zu lassen und Probleme von Grund auf zu beseitigen. Das ist dabei gar nicht mal so aufwändig, wie man sich dies vorstellen würde.

Der Systematische Ansatz – Soziale Wirklichkeit und Ko-Konstruktion

Systemisch – ein Wort, was alle schon einmal gehört oder gar selbst verwendet haben. Doch was bedeutet das denn jetzt überhaupt? Und was ist überhaupt diese soziale Wirklichkeit? Genau dieselbe Frage stellt sich auch manch einer in Bezug auf den Begriff der Ko-Konstruktion.

In diesem Buch werden Sie auf einige neue Begriffe stoßen, mit denen Sie bisher nur wenig oder kaum in Kontakt gekommen sind. Worte oder Konzepte, die auf den ersten Blick abstrakt erscheinen, halten uns nicht selten davon ab, die vorliegende Thematik tiefgreifender zu erforschen. Es ist daher wichtig, diese Begriffe zu erklären und zu definieren, bevor wir in die Tiefen von gewissen Thesen und Theorien abtauchen können.

Steckbrief:

Niklas Luhmann

(geboren 1927 in Lüneburg, gestorben 1998 in Oerlinghausen)

Niklas Luhmann gilt als einer der wichtigsten Gesellschaftswissenschaftler unserer Zeit. Bevor er sich der Tätigkeit, für die er heute bekannt ist, widmete, studierte er zunächst Rechtswissenschaften. Als Stipendiat an der Harvard University kam er jedoch mit der Soziologie in Kontakt, welche von nun an seine weitere Karriere bestimmen würde. Mit seinen Forschungen zur Funktion unserer Gesellschaft gelang es Luhmann, komplexe Zusammenhänge aufzuzeigen, wodurch wir unsere Umwelt auf eine ganz andere Art und Weise betrachten können.

Aufgrund seiner Expertise war Luhmann an verschiedenen Universitäten tätig, an denen er bis zu seinem Tod aktiv forschte und lehrte. Zu Recht gelten Luhmanns Werke als Klassiker der Soziologie des 20. Jahrhunderts.

Die Systemtheorie bildet die Grundlage, auf der unser Werk aufbaut und die Sie folglich bei der Entwicklung von nachhaltigen Strategien unterstützen wird. Doch worum geht es denn nun genau in dieser Theorie? Dies wollen wir jedoch gemeinsam klären.

Fangen wir zunächst mit den Grundlagen an. Bis kurz vor seinem Tod forschte der deutsche Soziologe *Niklas Luhmann*, der bis heute immer noch als einer der wichtigsten Gesellschaftstheoretiker gilt, sämtliche Schriften über die sogenannte Systemtheorie, welche uns bahnbrechende, neue Ansätze über die Funktionsweisen unserer Gesellschaft aufzeigten.

Luhmann definiert unsere Gesellschaft dabei als **System**, welches sich in verschiedene Sparten und Kategorien unterteilen lässt.

Unsere Gesellschaft besteht also aus einem Netz an Strukturen, welche allesamt miteinander verzweigt und verbunden sind. Dieses gigantische Netz scheint auf den ersten Blick jedoch sehr unübersichtlich zu sein. Die schiere Menge an komplexen Zusammenhängen, die im unberührten Zustand noch nicht systematisch geordnet sind, ergeben in ihrer jetzigen Form noch wenig Sinn; es ist schwierig, hierbei den Überblick zu bewahren.

Nun ist es also an der Zeit, etwas Ordnung in diese Strukturen zu bringen. Dies geschieht durch die Aufteilung der Gesellschaft in mehrere Unterkategorien, wobei wir stets *systematisch* vorgehen, sodass wir uns einen bestmöglichen Überblick herausarbeiten können.

Systemisch (vorzugehen) bedeutet also, sich einen Überblick über ein komplexes Netz an Verbindungen und Informationen zu verschaffen, der es uns dann ermöglicht, gewisse Funktionsweisen nachvollziehen zu können. Dazu ordnen wir die Bestandteile des Systems in verschiedene Kategorien ein – wir *räumen also etwas auf*. Durch eine solche Vorgehensweise können wir Chaos vermeiden und stets problem- und lösungsorientiert handeln – ohne dass es dabei zu Verwirrung und Abschweifungen kommt.

Dieses Vorgehen ermöglicht also eine strukturelle Einteilung der Gesellschaft in die groben Hauptkategorien

- Politik,
- Ökonomie (Wirtschaft),
- Medien (wie z. B. Zeitungen und Rundfunk, heute auch beispielsweise soziale Medien) sowie
- die sogenannte Redaktionskonferenz.

Politik und Gesellschaft

Die Politik spielt vor allem bei der Entscheidungsfindung (z. B. durch Diskussionen in Parlamenten oder Wahlen) eine große Rolle. Gesellschaftliche Entscheidungen hängen dabei von politischen Akteuren ab, die entweder politische Ämter besetzen können oder als reguläre Bürger und Bürgerinnen (mit indirekter Entscheidungsmacht) an Entscheidungen teilhaben können. Dies kann sich je nach Staat deutlich unterscheiden.

Ökonomie und Gesellschaft

Die Dimension der Ökonomie bezieht sich auf die Verteilung von jenen Ressourcen, die wir für das Leben in unserer Gesellschaft benötigen. Das können zum Beispiel Tinte und Papier für die Produktion von Medien, unserer dritten Kategorie, sein.

Medien und Gesellschaft

Die Medien beeinflussen und erzeugen durch das Verbreiten von Neuigkeiten und Informationen (zum Beispiel über Themen aus dem Bereich der Politik) unsere Realität auf eine gewisse Art mit.

Redaktionskonferenz und Gesellschaft

Die Redaktionskonferenz (und somit unsere letzte der vier großen Sparten) filtert Nachrichten und wählt somit die Neuigkeiten aus, die wir schlussendlich zu Gesicht bekommen.

Wir können also bereits jetzt deutlich erkennen, dass alles in unserer Gesellschaft auf irgendeine Art und Weise miteinander zusammenhängt – teils handelt es sich dabei um Gebiete, die Sie auf den ersten Blick vielleicht gar nicht miteinander verbinden würden. Die Politik befindet sich in ständiger Konversation mit der Ökonomie; die Redaktionskonferenz wirkt sich auf die Medien aus. Gerne können Sie diese Begriffe einfach mal miteinander vertauschen – die beschriebenen Zusammenhänge würden tatsächlich immer noch einen Sinn ergeben.

Der Mensch und die Gesellschaft? – Stichwort Kommunikation

Doch an welcher Stelle stehen nun wir, also wo stehen Sie selbst in diesem großen System? Laut Luhmann spielt der Mensch, also das Individuum in seiner einzelnen Existenz, in der Gesellschaft keine direkte Rolle.

Vielmehr ist die **Kommunikation** die dominierende Präsenz, die die verschiedenen Sparten und Systeme miteinander verbindet und miteinander interagieren lässt. Natürlich sind wir es, die die Kommunikation überhaupt erst durch unsere Arbeit möglich machen, jedoch lässt sich unser Handeln eher als die notwendige Antriebskraft beschreiben.

Das, was sich am Ende in der Öffentlichkeit zeigt, ist das Resultat unserer *Zusammenarbeit*, die diese Systeme erst funktionieren lässt – nicht das Individuum selbst. Dadurch wird das, was wir unter sozialer Wirklichkeit verstehen, erst richtig geformt; dadurch entsteht die Realität, die wir aktiv wahrnehmen. Doch durch Faktoren wie der Filterung von Nachrichten oder Informationen bleiben uns viele weitere Dinge verborgen, die durchaus auch sehr wichtig sein können. Wir realisieren nicht, dass diese ebenfalls Teil des Systems (und demnach auch von großer Bedeutung) sind. Wenn wir uns beispielsweise die Kurzmitteilungen in einer Nachrichtenapp anschauen, werden uns in der Regel nur die Informationen angezeigt, die als die wichtigsten gelten (z. B. Schließung eines wichtigen Großkonzerns). Wir wissen also, was grob geschehen ist, jedoch sind uns die Hintergründe oder Konsequenzen nicht sofort bewusst (z. B., dass sämtliche Mitarbeiter ihren Job verlieren und die Schließung große Auswirkungen auf den internationalen Handel hat). Es wäre also angemessen, sich die lange Version des Artikels durchzulesen, um mehr über die Situation zu erfahren und sie in ihrer Gänze greifen zu können. Oberflächliches Wissen wandelt sich dabei in ein tiefergreifendes Verständnis um.

Auf den ersten Blick mag diese Theorie vielleicht etwas pessimistisch auf Sie wirken (schließlich scheint sie den Menschen außen vor zu lassen), doch wenn wir sie nun einmal auf eine etwas greifbarere Ebene bringen – gemeint ist die Ebene der Interaktionen innerhalb ihres Arbeitsplatzes – werden wir feststellen können, dass wir als Individuen dennoch stark von ihr profitieren können. Dabei müssen wir uns den Arbeitsplatz, den wir als Angestellte und Vorgesetzte regelmäßig frequentieren, als ein solches System vorstellen.

Im Laufe dieses Buches werden wir noch genauer auf die Funktionsweisen dieses Systems eingehen, allerdings können wir bereits jetzt festhalten, dass wir uns innerhalb einer Realität bewegen, in der alles miteinander verbunden und voneinander abhängig ist. Anschließend an diese Feststellung möchten wir uns jetzt mit dem Begriff der Ko-Konstruktion beschäftigen.

Unter **Ko-Konstruktion** versteht man das Lernen durch aktive Zusammenarbeit zwischen verschiedenen Personen, wie zum Beispiel zwischen Angestellten und Vorgesetzten.

Diese beiden Parteien ko-konstruieren (wie Sie bereits an der Vorsilbe des Wortes erkennen können) durch Kooperation die soziale Wirklichkeit, in die das System eingebettet ist.

Die **soziale Wirklichkeit** ist also das, was wir um uns herum aktiv wahrnehmen und erfahren. Da jeder Mensch verschieden ist und die Dinge möglicherweise anders wahrnimmt, kann sich auch die soziale Wirklichkeit von Person zu Person unterscheiden. Sie gilt als subjektiv und ist durch ständige Einflüsse und Änderungen geprägt. Auch wir können sie durch unsere eigenen Handlungen beeinflussen.

Durch Kommunikation zwischen diesen beiden Parteien synthetisieren sich also wiederum neue Systeme (wie zum Beispiel neue Verbindungen zwischen den Beteiligten, die vorher noch nicht bestanden und nun in das Gesamtsystem eingebettet werden), die sowohl aus Einschüben und Ideen aus der Führungsebene als auch aus denen, die von Mitarbeitern in niedrigeren Positionen (z. B. Angestelltenverhältnis) stammen – und diese Systeme kommunizieren im besten Fall auch erfolgreich miteinander.

Sie sollten beispielsweise auf eine Art kommunizieren, durch die eine angenehme und motivierende Arbeitsatmosphäre entsteht, welche den Bedürfnissen aller Involvierten entspricht. Dies ist in unserer heutigen Gesellschaft ein äußerst wichtiger Aspekt, den es nicht zu ignorieren gilt. Wir bewegen uns langsam immer weiter von rigiden Hierarchien und strengen Arbeitskulturen weg. Ersetzt werden diese veralteten Bilder durch flachere Verhältnisse zwischen Angestellten und Vorgesetzten, wobei oftmals das Ziel einer besseren Zusammenarbeit verfolgt wird, von der alle Parteien profitieren. Es werden auf die Persönlichkeit und die Emotionen des Einzelnen geachtet, welche als Chancen (anstelle der veralteten Kategorisierung in z. B. gut und schlecht) angesehen werden, auf die es einzugehen gilt. Diesem Ziel können wir uns beispielsweise nähern, in dem wir die bereits formulierten Gedanken aktiv in das Arbeitsleben einbinden. Sie fragen sich jetzt bestimmt, wie dies denn nun ungefähr aussehen könnte. Diese Frage wollen wir uns im Folgenden anschauen.

Wer fragt, der führt

Abstrakte Theorien erfolgreich in die Realität unseres Lebens einzubinden, kann manchmal etwas schwierig sein. Schließlich handelt es sich dabei oft um niedergeschriebene Beobachtungen und Beschreibungen von Phänomenen, die meist nicht durch Alltagsbeispiele verdeutlicht werden. Tatsächlich ist es jedoch gar nicht mal so schwierig, einen großen Nutzen aus solchen Theorien zu ziehen – wir müssen diese dafür jedoch auf unser spezifisches Interessengebiet beziehen! Wenn wir über Unternehmens- und Führungskulturen reden, kommen wir an den sogenannten *systemischen Fragen* nicht vorbei.

Systemische Fragen zielen darauf ab, die befragte Person zum Nachdenken zu bringen. Sie sind daher vornehmlich nicht auf den ersten Hieb beantwortbar, sondern setzen eine aktive Auseinandersetzung mit der Thematik voraus.

Systemische Fragen haben sich vor allem bei Problemen, die durch ihre scheinbare Komplexität z. B. den Arbeitsprozess stark behindern, als äußerst effektiv bewiesen. Wenn Hürden auftreten, die nicht auf den ersten Blick oder durch nicht-aufwändige Methoden überwunden werden können, tendieren wir teils dazu, diese außen vor zu lassen. Oftmals ignorieren wir solche Hindernisse oder schieben den Lösungsprozess so lange auf, bis wir aufgrund des Zeitdrucks in Panik geraten, was am Schluss zu Ergebnissen führt, die uns nicht zufriedenstellen. Schuld daran ist meist ein ungeordnetes Vorgehen – wir wissen einfach nicht, wo wir denn jetzt genau ansetzen müssen. Dies können wir durch die gezielte Verwendung dieser Fragetechnik verhindern bzw. deutlich mindern. Durch sie können wir zu neuen, revolutionären Erkenntnissen über unser Arbeitsumfeld kommen, die uns vorher nicht in den Kopf gekommen wären – zum Beispiel kann es sich dabei um Erkenntnisse emotionaler oder zwischenmenschlicher Natur handeln, welche sich stark auf z. B. das Arbeitsklima Ihrer Abteilung auswirken. Vielleicht sind diese Probleme sogar noch nie angesprochen worden; vielleicht ist diese Perspektive in diesem System bisher untergegangen oder (un-)willentlich ignoriert worden. Wir erinnern uns zurück an den Anfang dieses Kapitels: In einem System ist alles miteinander verbunden. Es bringt also nichts, gewisse Bereiche zu vernachlässigen. Auch sie müssen thematisiert werden und dies ist durch das Stellen von systemischen Fragen möglich. Unternehmenskulturen können nur revolutioniert werden, indem man sich aktiv mit denen, die das System am Laufen halten, auseinandersetzt— wir können nur Fortschritte erreichen, indem wir aktiv an Lösungen arbeiten und immer nach neuen Höhen streben.

Systemische Fragen

Was ist das Besondere an systemischen Fragen?

Systemische Fragen unterscheiden sich in vielerlei Hinsicht von den einfachen, weniger tiefgreifenden Fragen, die in der Regel im Berufsalltag gestellt werden, wie zum Beispiel simple Fragen, die nur an der Oberfläche kratzen und sich nicht tiefgreifender mit einer Problematik beschäftigen. Solche Fragen geben uns zwar einen gewissen Aufschluss über bestimmte Themen, lassen aber die wirklich wichtigen Informationen (z. B. über Wechselwirkungen in zwischenmenschlichen Beziehungen) außen vor. Wie bereits erwähnt, regen sie aktiv zum Nachdenken an und setzen die ernsthafte Auseinandersetzung mit der vorliegenden Thematik voraus, wodurch sie uns neue Einblicke in teils unbekannte Territorien geben. Durch systemische Fragen können wichtige Informationen gar komplett neu generiert werden — Informationen, die beispielsweise weder in gängigen Führungsratgebern zu finden sind noch als Allgemeinwissen gelten. Hierbei kann es sich beispielsweise um Einblicke in die persönliche Gefühlswelt eines Mitarbeiters handeln, in die man sonst so leicht keinen Einblick erhalten kann. Solche Faktoren wirken sich nämlich ebenfalls stark auf bestehende Systeme aus und sollten nicht ignoriert werden. Die generierten Antworten beziehen sich dabei nicht auf reine Fakten, sondern sind in der Lage, Aufschlüsse über sämtliche Verbindungen im System des Arbeitsplatzes zu liefern. Auch bei der Beschreibung von komplexen Sachverhalten und Realitätskonstrukten erweisen sie sich als enorm hilfreich. Wichtig ist hierbei jedoch auch der Aspekt des Perspektivwechsels. Wenn uns als Angestellte oder z. B. Vorgesetzte eine gewisse Problematik vor Augen geführt wird, tendieren wir oftmals dazu, diese primär aus unserer eigenen Perspektive zu betrachten, indem wir u. a. entweder die Schuld komplett auf uns schieben oder gar vollständig auf unsere Kollegen übertragen – kurz gesagt fällt es uns schwer, das Problem aus einer nuancierten Sichtweise heraus zu analysieren, in der wir sämtliche Faktoren, die das System beeinflussen können, ebenfalls bedenken.

Systemische Fragen helfen uns also auch dabei, zumindest teilweise einen Einblick in die Köpfe anderer Menschen zu erlangen, welcher uns wertvolle Aufschlüsse über die Sichtweisen unseres Umfelds liefert.

- Warum fühlt sich Person X unwohl?
- Wieso fällt die Leistung unseres Teams Ihrer Meinung nach immer weiter ab?
- Gibt es einen gewissen Grund, der Ihre Reaktion auf das vorliegende Problem erklärt?

Sie sehen bereits, dass das Beantworten solcher Fragen gar nicht so simpel ist. Die Generierung neuer, tiefgreifender Antworten ist somit nicht immer ganz leicht.

Es lohnt sich jedoch sehr, diese etwas aufwändigere Route zu bestreiten, denn je mehr Sie über die Funktionsweisen Ihres Systems (also des Arbeitsplatzes) lernen, desto einfacher kann die Implementierungen von z. B. effizienz- oder harmoniesteigernden Maßnahmen und Lösungen erfolgen.

Sprichwörtlich könnte man also sagen, dass exzellente Kenntnisse über Ihr Team das *A und O* sind – ganz egal, ob Sie dabei ‚nur' zu den Angestellten gehören oder eine höhere Position einnehmen. Alle sollten in der Lage sein, die Dinge von verschiedenen Standpunkten aus zu betrachten und mehrdimensional über gewisse Probleme nachzudenken. Nur indem Sie sich ein tieferes Wahrnehmungsverständnis über Ihre soziale Wirklichkeit aneignen, kann das System am Laufen gehalten werden.

Wir erinnern uns: Alle Sparten eines Systems hängen zusammen und können nur dann funktionieren, wenn sie ko-konstruieren und kooperieren. Dadurch, dass Sie sich entschieden haben, nicht einfach wegzuschauen, sondern der ganzen Sache systematisch auf den Grund zu gehen, konnten Sie schlussendlich neue Informationen gewinnen, durch die Sie sämtliche Probleme auf einmal entschlüsseln konnten.

Dabei haben Sie Herrn Weber nicht nur eine Lösung vorgeschlagen oder ihm direkt von der Problematik erzählt, sondern ihn zur aktiven Selbstreflexion anregen können – Sie sind also der Katalysator, der die Nachdenkprozesse Ihrer Kollegen ins Rollen bringt!

Nun haben Sie beispielsweise die Möglichkeit, an verschiedenen Lösungsansätzen (z. B. Aufforderung zur direkteren Kommunikation) zu arbeiten, die das Klima und die Effizienz Ihrer Abteilung auf ein neues, besseres Level bringen können.

Dies ist nur eines von vielen Beispielen. In der Realität werden Sie auf unterschiedliche Situationen treffen, in denen es um ganz unterschiedliche Themen gehen kann. Bevor wir uns mit der personalisierten Anwendung dieser Fragetechniken beschäftigen, wollen wir nun jedoch noch ein paar weitere Besonderheiten und Eigenschaften von systemischen Fragen betrachten.

Ressourcenorientiert

Systemische Fragen sind **ressourcenorientiert**, was bedeutet, dass sie auf Ressourcen zurückgreifen, die eine befragte Person z. B. schon besitzt und nicht erst erwerben muss.

Unter „Ressourcen" versteht man unter anderem auch die persönlichen Stärken und Fähigkeiten einer Person (z. B. Durchhaltevermögen, gute Teamfähigkeiten usw.), die dem Individuum in einer schwierigen Situation immens weiterhelfen könnten.

Vor allem bei der systemischen Vorgehensweise stehen solche Ressourcen der *soziopsychologischen* Art an oberster Stelle und sollten dringend mit in den Frageprozess eingebunden werden. Bevor wir fortfahren, möchten wir uns den Begriff *soziopsychologisch* allerdings noch einmal genauer anschauen. Er besteht aus den beiden Wortbestandteilen *sozio* (abgeleitet vom Wort „sozial", bezieht sich hierbei vor allem auf unsere Gesellschaft) und *psychologisch* (also auf unsere Psyche bezogen), was darauf schließen lässt, dass der Begriff sich auf das individuelle Handeln von Menschen in der Gesellschaft bezieht.

Nun aber wieder zurück zu unserer Hauptthematik. Die Identifizierung des Problems ist zwar ein äußerst wichtiger Schritt im systemischen Gesamtprozess, allerdings bringt es uns nichts, wenn wir dieses nach der Erkenntnis nur im Raum stehen lassen würden – es muss also auch an einer Lösungsstrategie gearbeitet werden.

Zur Entwicklung solcher Lösungsstrategien müssen wir zunächst die Stärken, also die Ressourcen, einer Person identifizieren und schließlich den Fokus auf die spezifischen Merkmale legen, die sich in der vorliegenden Problemsituation als hilfreich erweisen würden.

Problemorientiert

Systemische Fragen zeichnen sich besonders durch ihre konstante Orientierung am **vorliegenden Problem** und **dessen Lösung** aus.

Das Problem stellt dabei immer den Mittelpunkt eines Themas dar, den es immer im Auge zu behalten gilt. Oftmals tendieren wir dazu, von gewissen Themen abzuschweifen – sei es durch bewusste Ablenkung oder andere Missverständnisse –, wodurch sich der Lösungsprozess deutlich verlängern oder, wenn es ganz schief läuft, die Situation gar ausweglos erscheinen kann.

Indem man die systemischen Fragen auf das Subjekt fixiert, können solche Schwierigkeiten entweder gemindert oder sogar gänzlich vermieden werden. Auch hier gilt es wieder, das Gespräch in eine produktive Richtung zu lenken, sodass wir schneller und effektiver an Aufschlüsse und Antworten gelangen können – der Gedanke der Problemorientierung muss also stets im Hinterkopf bleiben!

Wie auch bei den anderen Frageaspekten kann sich dies wieder auf unterschiedliche Wege ausspielen. Es ist sinnvoll, den Aspekt der Problemorientierung in jede Frage einfließen zu lassen, indem man sie z. B. *präzise* stellt und sich von generellen Formulierungen (die auf verschiedene Arten interpretiert werden können) möglichst fernhält.

Stellen Sie sich also immer folgende Fragen:

- Was genau ist das Problem?

Welche Aspekte können wir in diesem Moment ignorieren *(Hinweis: es geht darum, die verschiedenen Bestandteile der Problematik nach Wichtigkeit zu sortieren – sie werden natürlich nicht einfach verworfen)*?

- Birgt diese Frage Potential zur Ablenkung oder führt sie uns von unserem Problem weg?

Auch wenn man aktiv den Fokus auf das Problem lenkt, kann es natürlich immer wieder vorkommen, dass es doch zu gewissen Abschweifungen kommt. Falls dies eintreten sollte, ist es natürlich auch möglich, Fragen zu stellen, die spezifisch auf die Wiederherstellung des Fokus abzielen. Wenn es einen Aspekt gibt, der die Effizienz der systematischen Fragen deutlich aufzeigt, ist es der der Problemorientiertheit. Er hält uns davon ab, uns auf unwichtige Dinge zu konzentrieren, und bringt uns auf den Pfad, der zur Lösung führt, zurück.

Fragetechniken

Als Vorgesetzter, jedoch auch als Angestellter, sollten Sie in der Lage sein, in jeder Situation mithilfe von angemessenen Fragen eingreifen zu können. Gute Fragetechniken stellen demnach einen der wichtigsten Aspekte exzellenter Führung dar, da sie uns gezielt dabei helfen, den Weg Richtung Lösung freizulegen. Wir unterscheiden dabei zwischen verschiedenen Arten von Fragetechniken, die jedoch allesamt unter die Kategorie der systematischen Fragen fallen. Im Folgenden werden wir Ihnen diese durch eine kleine Übersicht näherbringen. Es ist ratsam, diese Techniken immer wieder in Ihrer Anwendung zu festigen, da sie als Basis für sämtliche Interaktionen dienen.

1. Die W- Fragen

Den Begriff der W-Fragen haben Sie bestimmt schon einmal gehört – ob bereits in der Schulzeit oder in Coachings –, der Ausdruck ist den meisten Menschen bekannt und stellt die Basis dar, auf der auch die anderen Fragetechniken beruhen. Durch W-Fragen gelingt es uns, die Grundlagen einer Situation zu klären und diese faktisch darzustellen. Sie geben uns Aufschluss über

- das Was,
- das Wie,
- das Wo,
- das Wer,
- das Wann,
- das Warum sowie
- das Wozu

in Bezug auf die vorliegende (Problem-)Situation. Wir erhalten also grundlegende Informationen, die uns dazu befähigen, die Situation in Ihrer Gänze zu begreifen – dazu sind in der Regel aber noch andere Informationen nötig, an die wir mithilfe der weiteren aufgeführten Techniken gelangen können.

2. Geschlossene Fragen

Geschlossene Fragen lassen sich in der Regel nur mit *Ja* oder *Nein* beantworten – sehr simpel, nicht wahr? Trotz ihrer Simplizität können uns solche Fragen jedoch enorm weiterhelfen. Erinnern wir uns an den Aspekt der Problemorientierung zurück: Dadurch, dass geschlossene Fragen eine Abschweifung von der Thematik verhindern, indem sie nur durch *Ja* oder *Nein* beantwortbar sind, bleibt das Problem stets im Fokus.

3. Offene Fragen

Die offene Frage stellt das Pendant zur geschlossenen dar – sie ermöglicht der befragten Person einen gewissen Spielraum bei der Formulierung der Antwort und gibt ihr die Möglichkeit, die Dinge ausführlich zu schildern, wodurch uns meist in relativ kurzer Zeit viele wichtige Informationen mitgeteilt werden können (beispielsweise Beweggründe, Meinungen, persönliche Ansichten, selbstreflektorische Gedanken etc.). Offene Fragen sind in der Regel mit subjektiven Antworten verbunden, die die tatsächliche Situation vielleicht nicht immer korrekt widerspiegeln, weshalb diese mit einer gewissen Neutralität und Distanz zu betrachten sind.

4. Skalierungsfragen

Skalierungsfragen ermöglichen es uns, den Status Quo, also die bestehende Ausgangssituation, z. B. durch die Zuordnung einer Zahl auf einer Skala (meist 1 bis 10) einzuschätzen. Sie sollten möglichst zu Beginn gestellt werden, am besten in Kombination mit den *W-Fragen,* sodass jeder Beteiligte einen Überblick über die aktuelle Lage erhält. Genau wie die offenen Fragen sind Skalierungsfragen meist mit subjektiven Antworten verbunden; es gilt also, auch hierbei diese nicht als Fakt, sondern eher als eine Art Stimmungs- oder Meinungsbarometer zu betrachten.

- Stellen Sie sich gedanklich eine Skala von 1 bis 10 vor. Beurteilen Sie nun: Wie belastend ist die Situation für Sie?
- Stellen Sie sich eine Skala von 1 bis 10 vor. Wie nahe sind Sie an Ihrem Ziel?

5. Wunderfragen

Wunderfragen fordern sowohl Ihre als auch die Vorstellungskraft Ihrer Mitmenschen heraus, denn sie beruhen auf der Visualisierung des gesetzten Ziels, welches erreicht werden möchte. Der Begriff Wunder mag zwar etwas utopisch auf Sie wirken, jedoch geht es letztlich nicht darum, das Unmögliche möglich zu machen, sondern limitierende Mindsets abzuschaffen und für mehr Motivation zu sorgen. Eine solche Methode kann ein demotiviertes und frustriertes Team schnell wieder auf den richtigen Weg bringen, indem sich dessen Mitglieder das Ziel vor Augen führen und sich ein Bewusstsein über die Vorteile, die die Lösung des Problems mit sich bringt, schaffen. Die Lösung wird somit zum positiven Hauptfokus des Gesprächs, der das Team motiviert und zum Arbeiten anregt.

Was wäre, wenn alle Probleme und Schwierigkeiten auf einmal, wie durch ein Wunder, verschwunden wären?

6. Paradoxe Fragen

Manchmal können Problemsituationen eine gewisse Bitterkeit im Menschen auslösen – sie verschlechtern die Stimmung und führen uns weg vom Ziel. Vor allem ist dies keine Seltenheit, wenn sich jemand zu Unrecht schlecht behandelt fühlt und sich somit sein Verhalten folglich negativ auf das System auswirkt. Wir alle wissen, wie es ist, wenn man sich mal eingeschnappt oder gar gekränkt fühlt. Per se ist es nicht schlimm, sich über gewisse Dinge mal aufzuregen; das sind ganz normale Emotionen, die wir alle kennen. Aber wenn wir merken, dass dieser Gemütszustand sich als hindernder Faktor entpuppt, müssen wir auch in der Lage sein, diese Auswirkungen zu analysieren und gegen sie vorzugehen. Hierbei kommen paradoxe Fragen ins Spiel. Wir können solche Fragen sowohl in Gruppen- als auch in Einzelsituationen anwenden. Paradoxe Fragen setzen dabei oftmals auf Humor und einen lockeren Umgang mit der Thematik, der die Situation schnell und oft auch erfolgreich entschärfen kann. Auch wenn die Auseinandersetzung oberflächlich betrachtet nicht sehr ernst scheinen mag, ist sie dennoch äußerst hilfreich, denn manchmal bringt es (vor allem in spannungsgeladenen Situationen) mehr, die Dinge etwas lockerer anzugehen. Paradoxe Fragen sind dabei auch meistens nicht zu beantworten. Die Selbstreflexion geschieht demnach auf eine lockere und humorvolle Art, die schlechte Laune vertreiben und den Problemlösungsprozess schneller vorantreiben kann.

- Stellen wir uns vor, das Problem würde sich vergrößern: Was müssten Sie tun, damit Ihnen dieses Vorgehen gelingt?

7. Indirekt systematisch-zirkuläre Fragen

Zirkuläre Fragen werden als Technik in der systemischen Beratung angewandt, um jemanden zu motivieren, eigenständig die Perspektive zu wechseln. Zudem ermöglichen zirkuläre Fragen die Gewinnung von Informationen über die eignen Denkweisen sowie das eigene Verhalten aus dem Blickwinkel von anderen Mitgliedern eines Systems. Somit machen zirkuläre Fragen das Beziehungsgeflecht zwischen den Mitgliedern eines Systems sichtbar. Auf diese Weise deckt diese Frageform innere Begrenzungen auf, die sich ein Individuum in seinem System auferlegt. Das Auferlegen funktioniert dabei durch das Mutmaßen einer bestimmten Handlungsweise eines anderen Individuums.

Der Befragende (A) fragt dabei den Befragten (B), was der Dritte (C) zu einer bestimmten Frage wohl denken könnte.
Beispiel einer zirkulären Frage: Wenn Sie sich vorstellen, Sie wären an meiner Stelle: Wie würden Sie vorgehen? Was würden Sie an meiner Stelle tun?

Es werden somit Menschen aus der Umgebung des Befragten in die Beratung einbezogen. Die Vorteile von zirkulären Fragen sind vor allem, dass durch die veränderte Perspektivierung der Situation neue Blickwinkel geschaffen werden können. Für den Berater besteht der Vorteil dieser Technik vor allem darin, neue Informationen über Verhältnisse einer Situation zu erlangen.

8. Verhaltens- und Situationsfragen

Verhaltensfragen sollen zum Ausdrücken der persönlichen Meinung bezüglich des Handelns in einer Problemsituation anregen. Wir werden also durch sie darum gebeten, unsere eigenen Ansichten und Ideen darzustellen und diese offen preiszugeben. Wir sollen also schildern, warum oder wieso – oder gar wie – wir in einer Situation persönlich handeln würden. Antworten auf solche Fragen dürfen also zum Beispiel Lösungsvorschläge enthalten, Situationen evaluieren und dienen auch im Allgemeinen dazu, unsere Stimme hörbar zu machen.

- Wann läuft es gut und Sie haben diese Sorgen und Probleme nicht?
- Was ist anders, wenn es schlecht läuft?

9. Metapherfragen

Metaphern sind äußerst beliebte Stilmittel, welche sich zum Beispiel in sämtlichen Sparten der Literatur wiederfinden – es ist jedoch aber auch möglich, sie auf Berufsalltagssituationen anzupassen und folglich in systematische Fragen einzubauen. Metaphern repräsentieren einen vorliegenden Sachverhalt durch das Verwenden von verschiedenen Symbolismen, die oft zwar nicht direkt etwas mit dem Thema zu tun haben, sich jedoch trotzdem gut auf dieses übertragen lassen. Diese Symbole stehen für das Thema selbst oder repräsentieren zumindest einzelne Aspekte der Thematik. Wir müssen uns also vorstellen, wie es wäre, wenn die Situation oder die Problematik beispielsweise ein Objekt wäre, welches man visuell wahrnehmen und auch deutlich beschreiben kann. Durch diese auf den ersten Blick abstrakt wirkende Vorgehensweise wird es uns ermöglicht, die vorliegende Problematik zu evaluieren und übersichtlich darzustellen.

Beispiel: Wenn das Projekt ein Auto wäre, ...
... wohin würde es reisen? (Frage nach dem Endziel des Projektes)
... wer würde es fahren? (Frage nach der Person, die das Projekt leitet)
... welche Passagiere wären im Fahrzeug? (Frage nach den Teammitgliedern)
... was würden die einzelnen Passagiere machen? (Frage nach den Aufgaben)
... wie würde es aussehen? (Frage nach der Beschreibung des Projektes, Problems, ...) usw.

Wie Sie also erkennen können, bietet sich das Verwenden von Metaphern besonders dann an, wenn es darum geht, der vorliegenden Situation eine gewisse Ordnung zu geben, sodass sich jeder im Team auf demselben Stand befindet. Dieser etwas spielerische Ansatz kann auch dabei helfen, Denkblockaden aufzuheben, und regt dabei teilweise auch die Kreativität der Nachdenkenden an.

10. Lösungsorientierte Fragen

Der Name der hier vorgestellten Fragenart spricht schon fast für sich selbst. Lösungsorientierte Fragen sind Fragen, welche darauf abzielen, verschiedene Lösungsmöglichkeiten für ein Problem aufzudecken. Sie zielen darauf ab, jeweils Aufschluss über die verschiedenen Lösungstaktiken zu geben, und ermöglichen es uns, jene folglich miteinander zu vergleichen, sodass wir die, die uns am effektivsten zum Ziel führen, auswählen und anwenden können. Am besten lässt sich dies auch wieder an einem Beispiel verdeutlichen.

Beispiel: Wie würde die Situation aussehen, wenn wir einen bestimmten Faktor (von dem wir z. B. ausgehen, dass er problematisch sein könnte) weglassen würden?

Wie würde sich die Effizienz des Teams ändern, wenn wir Person X, die Experte in dem Bereich ist, in eine höhere Position innerhalb dieser Gruppe befördern würden?

Was könnte passieren, wenn wir Strategie A anwenden würden? Wie könnte sich die Situation verändern?

11. Musterfragen

Musterfragen sollen verschiedene Verhaltensmuster und -weisen aufdecken, welche Sie in der Regel ohne die notwendige Reflexionsarbeit nicht von selbst identifizieren können. Es handelt sich bei diesen Mustern meist um Handlungsfolgen, die sich in mehrere Schritte aufgliedern lassen. Dies ist hilfreich, denn nicht selten tendieren wir dazu, unsere Taten als Gesamtbild zu betrachten, anstatt uns über die einzelnen Komponenten dieser Gedanken zu machen. Dieser fatale Fehler bei der Evaluation von Handlungen kaschiert also verschiedene Schwachstellen und unklug gewählte Einzelschritte, die das Erreichen des Ziel ver- oder behindern. Musterfragen sind also eine Art Analysemittel, welches dazu dient, genau diese Schwachstellen aufzudecken, sodass weitere Hindernisse verhindert und der Frust aus dem Weg geräumt werden kann.

Systemische Prinzipien von Kommunikation

Kommunikation ist vielfältig. Wir kommunizieren praktisch immer mit unseren Mitmenschen, egal, ob wir dies wollen oder nicht. Kommunikation kann dabei ganz unterschiedlich aussehen und von den unterschiedlichsten Standpunkten aus betrachtet werden. Wenn es ums Beraten geht, tendiert man meist dazu, Kommunikation primär aus der Perspektive der beratenden Person, das heißt, wenn man berät, nur die eigene Sichtweise auf die Situation, zu sehen. Doch wenn wir uns nun wieder ins Gewissen rufen, dass in einem System jeder mit jedem und alles mit allem kommuniziert, kommen wir schnell zu dem Fazit, dass es nichts bringt, nur die Perspektive der beratenden Person (egal, ob hauptberuflich beschäftigt beratende Person oder nur in der Situation beratende Person) miteinzubeziehen – das **gesamte System** muss involviert werden. Aufteilen lässt sich dies knapp in fünf Bausteine, die zwar ihren Ursprung in der klassischen Beratung haben, sich jedoch auch auf Methoden systemischer Kommunikation übertragen lassen. Dadurch wird es uns ermöglicht, die Kommunikation innerhalb eines Systems besser nachzuvollziehen und zu greifen. Auch wenn es in der Situation nun eine Person gibt, die diese Beraterrolle annimmt, muss diese sich jedoch auf jeder Interaktionsebene neutral verhalten – sei es bezüglich der vorherrschenden Beziehung oder hinsichtlich des eigentlichen Problems sowie sämtlichen anderen Faktoren und Verbindungen, die das System beeinflussen.

1. Beziehungsneutralität

Wenn Sie in einer Situation systemisch beratend eingreifen wollen, ist es äußerst wichtig, dass Sie sich auf keinen Fall auf eine spezifische Seite stellen. Dabei ist es egal, ob diese Person sich in Anwesen- oder Abwesenheit befindet – jede Ansicht muss zunächst immer mit Ernsthaftigkeit und einer gewissen Distanz wahrgenommen werden. Urteile können später gefällt werden, aber selbst dann sollten Sie sich eher zurückhalten. Das Ziel ist es, die involvierte Person während des gesamten Prozesses (und auch danach) nicht wissen zu lassen, auf welcher Seite sie stehen. Sich neutral zu verhalten bedeutet nicht, dass Sie sich keine Meinung bilden dürfen – Sie sollten diese jedoch nicht ausdrücken.

2. Problemneutralität

Gegenüber Problemen und gewissen Verhaltensweisen sollten Sie sich als beratende Person stets neutral verhalten. Probleme sollten keiner Wertung unterzogen werden (z. B. Staffelung der Wichtigkeit des Problems im Vergleich zu anderen Anliegen), sondern zunächst immer analysiert und ausführlich dargestellt werden. Es gilt also, einen reinen Überblick zu schaffen, der uns möglichst objektive faktische Informationen (z. B. über vorhandene Ressourcen, den Sinn der Problematik oder dessen Funktion) übermittelt, mit denen wir dann an einer Lösung arbeiten können.

3. Konstruktneutralität

Wenn wir Meinungen miteinander austauschen, tendieren wir öfters mal dazu, gewissen Aussagen oder Ansichtsweisen einen höheren Wert als anderen, denen wir beispielsweise nicht zustimmen würden, zuzuordnen. Eine solch subjektive Wertung ist jedoch selten hilfreich. Vor allem als beratende Person sollten Sie sich von solchen Vorgehensweisen fernhalten und auch hier wieder auf Neutralität setzen. Alle Meinungen, Gefühle oder Sichtweisen sollten auf die gleiche Ebene gebracht und keiner Gewichtung unterzogen werden. Das gilt auch für die Ansichten, die auf manche entweder sinnlos oder irrational wirken. Durch Konstruktneutralität können wir also verhindern, dass manche Ansichtsweisen untergehen, ignoriert oder gar als unwichtig eingestuft werden.

4. Lösungsneutralität

Lösungsideen können mal besser oder mal schlechter sein; mal mehr oder weniger effizient, aber manchmal auch schlussendlich gar nicht funktionieren. Bevor wir allerdings über die Wertigkeit eines Lösungsansatzes urteilen, müssen wir diesen aus allen Perspektiven zunächst einmal neutral betrachten und mit anderen Möglichkeiten vergleichen. Ein solcher Austausch sollte primär unter den direkt involvierten Personen stattfinden. Als beratende Person ist es deshalb wichtig, sich auch hier wieder neutral zu verhalten und eine Art Vermittlungs- und Ordnungsfunktion einzunehmen. Beispielsweise können Sie die Ideen sammeln und niederschreiben oder regulierend in das Gespräch eingreifen (z. B., wenn es vor lauter Ideen chaotisch wird), sodass eine Atmosphäre entsteht, in der die Beteiligten konzentriert und zielführend arbeiten können.

5. Veränderungsneutralität

Durch Gespräche und Diskussionen möchte man meist etwas verändern. Dabei kann es schnell zu Wertungen kommen, wenn bemerkt wird, dass sich die Situation langsam in eine gewisse Richtung bewegt, mit der manchmal nicht alle Beteiligten zufrieden sind. Auch als beratende Person werden Sie sich früher oder später natürlich eine Meinung bilden, allerdings sollten Sie sich – genau wie bei den anderen Unterpunkten – stets neutral gegenüber diesen Veränderungen verhalten. Veränderungen sind nämlich etwas ganz Normales. Ständig verändert sich etwas. Das ist uns allen bewusst. Als beratende Person sollten Sie dies also immer im Hinterkopf behalten. Es ist die Aufgabe der zu beratenden Personen, über Veränderungen im Hinblick auf Effizienz, Richtung, Schnelle und Ausprägung zu urteilen. Auch wenn es am Ende nicht zu einer Veränderung kommt, ist dies ein legitimes Ergebnis und sollte ebenfalls neutral betrachtet und akzeptiert werden.

Soziale Schauplätze in der Arbeitswelt – Wer kommuniziert hier mit wem?

Wenn wir uns die personalbezogene Entwicklung von Unternehmen anschauen, können wir schnell feststellen, dass *flache* Hierarchien, die die Zusammenarbeit auf Augenhöhe ermöglichen, langsam zur Norm werden. Rigide Strukturen und ein harter Umgangston stimmen schon seit langem nicht mehr mit den aktuellen Präferenzen und Anforderungen von Arbeitgebern und Arbeitnehmern überein – vielmehr wird heutzutage ein lockeres Arbeitsumfeld bevorzugt, in dem sich wertvolle Verbindungen zwischen allen Beteiligten entwickeln können und eine angenehme, motivierende Arbeitsatmosphäre herrscht. Dies ändert jedoch nichts an der Tatsache, dass es immer noch unterschiedliche Positionen mit unterschiedlicher Bedeutung und natürlich auch unterschiedlichen Aufgaben gibt. Obwohl diese hierarchischen Ausprägungen uns nicht mehr eindeutig bewusst sein mögen, existieren sie dennoch auf eine gewisse Art. Menschen ordnen sich meist automatisch bestimmten Rollen zu, die u. a. je nach Aufgabenbereich differenziert (z. B. mehr oder weniger wichtig) wahrgenommen werden können.

Stellen Sie sich vor, Sie seien Grafikdesigner und sind für die Leitung eines Projektes zuständig. Dieses Projekt erledigen Sie zusammen mit Ihren zwei neuen Kollegen, die deutlich weniger Erfahrung als Sie besitzen. Aufgrund Ihrer fachspezifischen Expertise nehmen Sie in diesem Kontext eine höhere Position ein, obwohl Sie dabei Ihren Kollegen immer noch auf Augenhöhe begegnen. Sie nehmen also folglich mehr Verantwortung auf sich und fungieren als Mentor. Ihre Kollegen werden Sie nun vermutlich als eine Art Lehrperson ansehen und sich dementsprechend lernwillig verhalten.

Dieses Phänomen lässt sich durch den Begriff der **Rollenerwartungen** erklären. Das bedeutet, dass mit einer bestimmten Rolle logischerweise auch bestimmte Erwartungen einhergehen. Eine Chefin z. B. sollte also in der Lage sein, eine Abteilung oder gar ein Unternehmen sicher und selbstbewusst zu leiten, während ein Auszubildender sich als lernbereit und neugierig präsentieren sollte. Rollenerwartungen werden in der Regel automatisch erfüllt, da sie stark an Fähigkeiten und Erfahrungen gebunden sind. Jemand, der gerade erst in einem Unternehmen anfängt, wird sich aufgrund des Mangels an Kenntnissen über den Betrieb automatisch in eine bestimmte, hierarchisch niedrige Rolle begeben, bis er oder sie sich sicherer fühlt oder vielleicht sogar befördert wird. Die mit dem bloßem Auge nicht mehr erkennbare, aber dennoch vorhandene Hierarchie bleibt also in den meisten Fällen auf irgendeine Art und Weise bestehen. Aus diesem Grunde ist es wichtig, sich also weiterhin mit den verschiedenen Kommunikationsmustern zwischen den hierarchischen Positionen zu beschäftigen – auch dann, wenn alles auf Augenhöhe abläuft. Gute und effiziente Kommunikation ist das *A und O* in jedem

Unternehmen, jeder Abteilung sowie in jeder zwischenmenschlichen Beziehung – und auch hier lassen sich wieder gezielt systemische Fragen einsetzen!

Mitarbeiter–Mitarbeiter

Schauen wir uns zunächst die Kommunikation zwischen zwei Mitarbeitern an. Wenn es um den Austausch unter Kollegen geht, herrscht meist ein relativ ausgeglichenes Hierarchieverhältnis vor, was aber nicht bedeutet, dass alles auch immer konfliktfrei und problemlos abläuft. Trotz der ebenerdigen Begegnungsebene ist es äußerst wichtig, sich zu trauen, Fragen und Probleme direkt anzusprechen. Teilweise kann dies bei etwas schwierigeren Themen sogar hilfreich sein, da potenziell weniger das Gefühl entsteht, von oben herab (z. B. durch den/die Chef oder Chefin) behandelt zu werden. Allerdings kann dies – jeder Mensch ist ja schließlich doch sehr verschieden – eventuell auch eine gegenteilige Reaktion bzw. Aufnahme des Gesagten hervorrufen, indem der Gegenüber eine solche Konversation als unpassend in Hinblick auf die Rollenerwartung des/der Kollegen interpretiert (z. B.: *Warum verhält sich Herr Schulze wie mein Chef? Das sollte er doch gar nicht! Er befindet sich doch in der gleichen Position wie ich).* Aus diesem Grunde ist es wichtig, sich vorsichtig (aber keinesfalls übermäßig zurückhaltend oder zu zaghaft) auszudrücken und die systemischen Fragen auf die Situation anzupassen, um unnötige Konflikte zu vermeiden. Verdeutlichen wir dies an einem Beispiel.

Herr Müller und Frau Meier schreiben zusammen an einem Zwischenbericht. Frau Meier findet, dass der Schreibstil von Herr Müller etwas zu informell ist und nicht in den Kontext des Projektes passt. Ihr stehen mehrere Handlungsmöglichkeiten zur Auswahl. Zunächst könnte sie ihm auf eine sehr direkte Art vermitteln, dass sie mit seiner Arbeit unzufrieden ist, aber da Herr Müller noch der alten Schule angehört, in der nur die Vorgesetzten dazu befähigt sind, Kritik zu üben, stellt sich dieses Vorgehen als vermutlich ineffektiv heraus. Es ist also sinnvoll, mit systemischen Fragen zu operieren, die kein z. B. Minderwertigkeitsgefühl im Gegenüber hervorrufen und auf die Rollenerwartungen beider (bzw. aller) Parteien zugeschnitten sind.

Dies könnte ungefähr so aussehen:

Herr Müller: Lass uns mal einen Blick auf den Zwischenbericht werfen. Hast du irgendwelche Anmerkungen?

Frau Meier: Ich schau mir mal deinen Teil an ... Meinst du nicht, dass es vielleicht besser klingen würde, wenn man einige Wörter durch den entsprechenden Fachbegriff ersetzen würde? Das würde unserem Projektleiter sicherlich gut gefallen, nicht wahr? Er verwendet diese Begriffe selbst sehr häufig.

Herr Müller: Oh, das ist mir ja noch gar nicht aufgefallen. Stimmt – im Auftrags-Briefing verwendet er diese Begriffe ja tatsächlich sehr häufig. Gerne kann ich das ändern.

Frau Meier: Super, so machen wir das! Wir können ihn ja später auch mal um ein kleines Feedback bitten.

Frau Meier verwendet also Fragen, die den Rollenerwartungen ihrer Jobposition entsprechen und gleichzeitig konstruktiv sind. Dadurch kann sie ihrem Kollegen, der andere Strukturen aus einer anderen Zeit gewöhnt ist, ihre Kritik leicht mithilfe von systemischen Fragen nahebringen. Unnötige Konflikte (z. B. aufgrund von Generationskonflikten) können somit vermieden werden, wodurch eine produktive Kooperation zwischen den Mitarbeitern ermöglicht wird.

Angestellte–Chef

Die Kommunikation zwischen dem Chef und einer angestellten Person läuft meist etwas direkter als die unter zwei Mitarbeitern ab. Das liegt sowohl an den verschiedenen Rollenerwartungen als auch an der mehr oder weniger offensichtlichen Hierarchie, die im Unternehmen, im Team oder in der Abteilung vorherrscht. Dennoch ist es wichtig, stets auf einen respektvollen Umgangston zu achten, was vor allem in der heutigen Arbeitswelt enorm wichtig ist – sonst können auch hier schnell fortschrittshindernde Konflikte entstehen. Wenn Sie nun mit Ihren Mitarbeitern effektiv kommunizieren möchten, sollte Ihr Umgangston ergo direkt, jedoch respektvoll sein. Ihre Rollenerwartungen dürfen Sie dabei ruhig erfüllen. Allerdings gilt es auch in diesem Fall, nicht herablassend oder invalidierend (z. B. bezüglich der Gefühle einer Person oder gegenüber einer anderen Meinung) zu handeln. Sie sollten dies auch in Ihre gestellten systemischen Fragen einfließen lassen. Um das zu verdeutlichen, werden wir uns noch einmal unser Beispiel aus dem vorherigen Punkt anschauen.

Nehmen wir an, dass Sie in der Situation als Projektleiter fungieren. Die beiden Kollegen bitten nun um Ihr Feedback, bevor sie mit dem Schreiben des Zwischenberichtes fortfahren. Sie finden den Bericht zwar schon ganz gut, jedoch haben Sie ein paar Anmerkungen und Wünsche, die noch eingearbeitet werden sollen.

Um den beiden Ihr Feedback respektvoll und auf Augenhöhe näherzubringen, könnten Sie in etwa so agieren:

Projektleiter: Ich habe mir mal Ihren Bericht angesehen und hätte noch ein paar Bitten an euch. Zunächst möchte ich aber sagen, dass ich größtenteils schon sehr zufrieden bin – gute Arbeit! Mir ist aufgefallen, dass der erste Abschnitt des zweiten Kapitels etwas langatmig ist. Meint ihr nicht, dass es besser wäre, ihn zu kürzen? Das würde die Verständlichkeit verbessern.

Frau Meier: Ich schaue es mir noch einmal kurz an!

Sie liest sich den Bericht mit Ihrer Kritik im Hinterkopf noch einmal durch. Danach hat sie noch eine Frage an Sie.

Frau Meier: Ich kann Ihr Feedback gut nachvollziehen, aber wie könnten wir das denn nun etwas kürzer formulieren? Mir fällt gerade spontan nichts ein.

Projektleiter: Welche Art von Texten und Formulierungen wirkt denn auf euch am verständlichsten? Was würde euch, wenn ihr fachfremde Leser wärt, gut gefallen? Ihr könnt ja mal einige Ideen sammeln und ein paar Sachen ausprobieren.

Frau Meier: Gute Idee, das können wir machen. Danke!

Die beiden Mitarbeiter werden durch gezielt eingesetzte systemische Fragen nun zum Nachdenken angeregt. Die verwendeten Fragen zeichnen sich durch eine respektvolle Formulierung aus und sind dabei problem- und lösungsorientiert. Dabei geben Sie den beiden Kollegen auch keine Antworten vor, sondern motivieren sie zum Reflektieren. Durch das Loben der bisherigen Ergebnisse kreieren Sie eine positive Atmosphäre, welche zu einer höheren Aufnahmebereitschaft des Feedbacks führen kann. Behalten Sie diese Unterpunkte in solchen Szenarien also immer im Hinterkopf – es lohnt sich!

Kundengespräche

Gespräche mit Kunden stellen noch einmal eine andere Art der Herausforderung dar – schließlich kennen Sie Ihr Gegenüber meistens nicht sehr gut. Das gilt in der Regel auch für Kunden, mit denen Sie schon öfters in Kontakt standen. In diesem Fall sind Ihnen meistens jedoch die Grundwünsche und -ziele der Kunden bekannt, nach denen Sie sich richten sollten. Schnell können sich solche Anforderungen aber auch beispielsweise mal ändern, weshalb Sie manchmal nicht richtig wissen können, welche genauen Anforderungen und Wünsche auf Sie zukommen werden. Aus diesem Grunde ist es wichtig, Ihre Kunden zumindest so gut wie möglich kennenzulernen, was durch effiziente Kommunikation deutlich erleichtert wird. Auch sollten Sie hierbei wieder auf die verschiedenen, bereits besprochenen Neutralitätsaspekte achten, wie beispielsweise auf den der Veränderungsneutralität. Wenn ein Kunde sich dazu entscheidet, bestimmte Dinge verändern zu wollen, ist dies eine Entscheidung, die es zu respektieren gilt – auch dann, wenn Sie diese z. B. als sinnlos erachten. Natürlich bedeutet das aber nicht, dass Sie – wenn Sie bemerken, dass sich das Unternehmen auf einem falschen Pfad befinden sollte – nicht durch das gezielte Verwenden systemischer Fragen und Vorgehensweisen einer schlechten Entwicklung entgegenwirken können. Auch das möchten wir wieder an einem Beispiel verdeutlichen.

Den Zwischenbericht des Projektes schreiben Ihre Mitarbeiter nicht für das Unternehmen, in dem Sie arbeiten, sondern für einen Großkunden, welcher Sie mit dem Projekt beauftragt hat. Nachdem Ihre Kollegen einige Änderungen vorgenommen haben, ist es nun Zeit, dem Kunden den aktuellen Stand näherzubringen. Schnell stellen Sie im Gespräch fest, dass sich der Kunde nun doch etwas anderes wünscht, was (im Hinblick auf die Qualität des Ergebnisses) jedoch schlechte Auswirkungen auf das Resultat und den Erfolg haben könnte. Der Kunde möchte allerdings unbedingt ein paar Änderungen vornehmen, da sich seine Vorstellungen gewandelt haben. Nun ist es also Ihre Aufgabe, den

Kunden richtig zu beraten und ihm ein paar Denkimpulse zu geben, wodurch er zum Reflektieren angeregt werden soll.

Kunde: Vielen Dank für den Zwischenbericht! Das hört sich im Großen und Ganzen gut an – allerdings möchten wir ein paar Dinge ändern. Wir glauben, dass das Produkt eher eine jüngere Zielgruppe anspricht. Es wäre also schön, wenn Sie die bisherigen Ergebnisse daran anpassen würden.

Diese Aussage bringt Sie ins Grübeln, denn Sie und Ihr Team haben bereits durch aufwändige Marktanalysen feststellen können, dass sich das Produkt des Kunden eher an ältere Personen richtet. In der durchgeführten Umfrage hat nur ein kleiner Teil der jüngeren Zielgruppe Interesse am Angebot gezeigt. Sie erinnern sich nun daran, dass Sie als beratende Person neutral agieren müssen, und nehmen diesen Wunsch erst einmal in Kauf.

Beratende Person: Alles klar – aber warum denken Sie, dass dies hilfreich sein könnte?

Der Kunde listet diverse Gründe auf, die jedoch nicht auf Fakten oder Analysedaten beruhen. Sie hören sich alles an und notieren sich ein paar Dinge, bevor Sie noch einmal auf die Analyse-Ergebnisse eingehen.

Beratende Person: Verstehe! Schauen wir uns aber noch einmal die Analyse-Ergebnisse an. Hier sehen wir deutlich, dass das größte Interesse bei den Vierzig- bis Fünfzigjährigen besteht. Die Befragten, die alterstechnisch unter dieser Grenze liegen, haben deutlich weniger Interesse am Produkt gezeigt. Würden Sie nicht also sagen, dass es vielleicht doch sinnvoller wäre, wenn wir das Marketing nicht auf die ältere Personengruppe anpassen?

Der Kunde macht sich noch einmal Gedanken über die Ergebnisse.

Kunde: Ich finde, dass Sie in der Hinsicht auf jeden Fall recht haben. Belassen wir es also dabei. Das ergibt Sinn! Jedoch möchten wir die jüngere Zielgruppe trotzdem auf irgendeine Art und Weise ansprechen. Wir haben dabei an ein paar Anzeigen gedacht, die auf junge Leute zugeschnitten sind. Diese wollen wir neben denen, die an die Hauptzielgruppe gerichtet sind, schalten.

Beratende Person: Das wäre doch eine gute Idee. Wir behalten die Grundidee also bei und weiten sie etwas aus.

Kunde: So machen wir das, danke für den Input!

Wie Sie sehen, ist es in Kundengesprächen also äußerst wichtig, die richtigen Impulse zu setzen, die das Gegenüber zum Nachdenken bringen. Das alles ist möglich, ohne Ihre eigene Meinung zu sehr in das Geschehen einfließen zu lassen. Ihre Inputs sollten in solchen Gesprächssituationen stets konstruktiv, neutral und kundenzentriert sein. Dadurch wird es uns ermöglicht, zu einem Ergebnis zu kommen, mit dem jeder zufrieden ist und welches sich als möglichst vorteilhaft herausstellt.

FÜHRUNGSKRÄFTE UNTER SICH

Die Kommunikation unter Führungskräften läuft in der Regel etwas konkreter und direkter, jedoch auch manchmal etwas gröber ab – schließlich unterliegt den Menschen in solchen Positionen eine große Verantwortung. Als Führungskraft müssen Sie in der Lage sein, klar und präzise zu kommunizieren. Diese Aspekte der Problemorientierung, der Lösungsorientierung sowie der Effizienz sollten also immer in Ihre Gespräche einfließen. Als Führungskraft sollten Sie auch stets einen Überblick über das gesamte System behalten und sich über dessen Funktionsweisen und Verbindungen bewusst sein. Das gilt für jeden, der sich in einer Position befindet, in der er oder sie die Aufsicht über mehrere Angestellte oder gar ein ganzes Team besitzt.

Da Führungskräfte eine gewisse Entscheidungs- und Mitwirkungsmacht besitzen, die sich stark auf beispielsweise das Unternehmen oder das Team auswirken können, sollten Aussagen und systemische Fragen zwar konkret, aber gut durchdacht geäußert werden. Schließlich können die Handlungen von Führungskräften große Auswirkungen auf das komplette System haben.

Wenn wir uns dies einmal an einem Beispiel anschauen, könnte das ungefähr so aussehen:

Stellen Sie sich vor, dass Sie als eine von zwei Führungskräften in einer Abteilung eines Großunternehmens tätig sind. Es ist Freitag, was bedeutet, dass Sie sich in einem Meeting, welches am Ende jeder Woche stattfindet, über die wirtschaftlichen Aspekte und Fortschritte des aktuellen Projektes austauschen.

Sie: Guten Tag! Berichten Sie mal – wie sehen die Ergebnisse der aktuellen Marktanalyse aus?

Kollege: Na ja, also da müssen wir auf jeden Fall etwas ändern. Die Analyse wurde nicht ausführlich genug durchgeführt und es mangelt uns an Ergebnissen.

Sie: Ja, das können wir auf keinen Fall so lassen. Wie wäre es, wenn wir noch ein paar Ergebnisse generieren, indem wir die Umfrage etwas ausweiten?

Kollege: Das würde uns leider nicht viel bringen. Es wäre angebrachter, noch eine separate, ausführlichere Analyse beziehungsweise Befragung zu starten.

Sie: Gute Idee, das würde echt vermutlich besser sein. Ich leite sofort alles in die Wege und werde ein neues Team zusammenstellen, welches dafür zuständig sein wird.

Kollege: Top, so machen wir das – schließlich müssen wir diese Ergebnisse schon bald bei der Unternehmensleitung abliefern.

Motive klären

Eine schlechte Performance lässt sich auf diverse Gründe zurückführen – dabei ist einer jedoch von besonders großer Bedeutung. In diesem Fall reden wir vom Motiv, also vom *Warum.*

Warum möchten wir ein bestimmtes Ziel erreichen?
Warum würde ich vom Ausbau dieses Skills profitieren?
Warum ist es wichtig, für eine gute Zusammenarbeit zu sorgen?

Dies sind natürlich nur eine Hand voll potenzieller Fragen, welche man stellen könnte, wenn es um die Klärung eines Handlungsmotivs geht. Ohne ein festgesetztes und sinnvolles Motiv kann es schnell zum Absinken der Motivation und folglich auch zur Minderung der Arbeitsleistung kommen (Bsp.: *Warum soll ich das denn jetzt überhaupt machen, wenn ich noch nicht einmal weiß, was der Grund dafür ist?*). Die meisten Menschen benötigen also eine Art Sinn, der ihnen signalisiert, dass ihre Arbeit einen Mehrwert hat. Schon jetzt können wir also festhalten, dass der Grund – also das *Warum* – stets vor oder zu Beginn eines Arbeitsprozesses klar geklärt und festgelegt werden sollte, sodass ein problem- und lösungsorientierter Arbeitsprozess ermöglicht werden kann.

Neben dem Grund sollten auch andere Faktoren festgesetzt werden, die das Vorhaben noch etwas genauer einrahmen und diesem mehr Struktur verleihen.

Das können zum Beispiel

- die Zeit (beispielsweise durch Deadlines),
- Zwischenetappen (also kleinere Zwischenziele) oder
- Methoden zur Einschätzungen des Fortschritts sein.

Diese Methoden können an sich auch wieder unterschiedlich aussehen, weshalb wir uns im Folgenden einige dieser Vorgehensweisen genauer anschauen wollen.

Innere Hypothesen

Die inneren Hypothesen lassen sich als Methodik definieren, bei der es darum geht, sich von engstirnigen Denkmustern zu lösen und durch aktive Reflexionen und Nachdenken neue, alternative Lösungswege, Argumente und Methoden zu entwickeln.

Beginnen wir zunächst mit den inneren Hypothesen. Innere Hypothesen sind äußerst wirkungsvolle Werkzeuge zur Motivsetzung, denn sie bringen uns dazu, auch in schwierigen Situationen Hoffnung und Motivation zu schöpfen. Wenn wir uns vor einer Hürde befinden, scheint diese manchmal unüberwindbar zu sein. Teilweise ist diese Hürde jedoch gar nicht mal so Hoch – oftmals sind es tatsächlich unsere Gedanken, also unser Mindset, welches diese Hürden noch höher erscheinen lässt. Es ist logisch, dass unsere Denkweisen unsere Leistung beeinflussen, allerdings muss dies nicht zwangsweise immer negativ sein und kann durchaus ins Positive gelenkt werden, indem wir beispielsweise nun die Taktik der inneren Hypothesen anwenden.

Das Besondere an inneren Hypothesen ist, dass sie nicht unbedingt auf eine sofortige Lösung des Problems abzielen. Vielmehr geht es darum, sich verschiedene Lösungsansätze und -möglichkeiten auszudenken, die man danach allesamt einmal durchprobieren und gegebenenfalls weiterentwickeln kann. Bekanntlich führen mehrere Wege zum Ziel – das gilt auch für die Berufswelt! Durch das Formulieren mehrerer Lösungsansätze ist es möglich, mentale Hürden und einengende Mindsets (z. B. Fokus auf nur einen potenziellen Lösungsweg) aus dem Weg zu räumen und Platz für z. B. durch mehr Motivation getriebene Brainstormings zu schaffen. Schließlich ist alles in einem System irgendwie miteinander verknüpft – und wenn alles miteinander verknüpft ist, gibt es bestimmt auch mehr als nur eine richtige Lösung!

Durch innere Hypothesen schaffen Sie einen Freiraum, in dem es ausdrücklich erlaubt ist, Fehler zu machen und Ideen zu sammeln. Wichtig ist natürlich auch hierbei, neutral vorzugehen und z. B. keine Lösungsansätze in ein Ranking einzuordnen. Das kann vor allem denen helfen, die eine perfektionistische Veranlagung (die Art des Perfektionismus, die sich destruktiv auswirken kann) besitzen und sich deshalb oft selbst Steine in den Weg legen. Im Großen und Ganzen stellen innere Hypothesen also ein hervorragendes Werkzeug dar, welches uns schnell und effektiv voranbringt und dabei sogar die Kreativität fördert. Innere Hypothesen können auch nicht nur in Gruppen- oder Teamsettings, sondern auch im Hinblick auf Einzelpersonen angewendet werden – sie sind also universell einsetzbar!

Beispiel: „Ich möchte in meinem neuen Berufsumfeld endlich die Anerkennung und Wertschätzung für meine Arbeit bekommen, die ich verdiene."

Auftragskarussell

Beim Auftragskarussell handelt es sich um eine systemische Methode, mit der wir gewisse Probleme und Hürden externalisieren können. Externalisieren bedeutet, gewisse Dinge, die im inneren unseres Gedächtnis schlummern und unsere Gedanken plagen, nach außen (also aus uns heraus) zu projizieren.

Wenn wir uns in stressigen Situationen befinden, kommt es nicht selten zu einem Verlust der Übersicht über all die Aufgaben, die es noch zu erledigen gibt. Schnell schaltet man ab oder widmet sich ganz anderen Aufgaben, die nichts mit dem eigentlichen Auftrag zu tun haben – wir lenken uns also ab, um das Gefühl des Kontrollverlusts zu vermeiden.

Nun gilt es also, dieses Auftragskarussell in die Außenwelt (also weg aus dem Kopf) zu projizieren, sodass alle Gedanken, Sorgen, Aufträge, Anweisungen oder sonstige Faktoren, die Verwirrung stiften, zunächst einmal gesammelt werden können. Diese verschiedenen Aufträge bzw. ‚To-do's' werden auf einzelne Blätter geschrieben. Danach liest man die einzelnen Aufträge demjenigen, der sie zu erledigen hat, kurz und schnell vor – wie in einem Karussell. Sobald eine To-do während des Zuhörens auf ein Gefühl der Verwirrung o.Ä. stößt, wird hierzu mehr aufgeschrieben und sich so dem Auftrag bzw. dem Problem genähert, bis das Karussell sich nicht mehr dreht.

Das Externalisieren und ‚Nochmal-Hören' aller Aufträge stellt für einige Menschen bereits eine große Erleichterung dar. Erstellen Sie auch einmal eine Check- oder Fragenliste, mit der Sie Ihren Kollegen gegenübertreten können. Vor allem in stressigen Situationen kann es sehr angenehm und hilfreich sein, eine solche Hilfestellung angeboten zu bekommen. Hierbei können vor allem die Ihnen bereits bekannten W-Fragen zu Hilfe kommen, da diese Aufschluss über die wichtigsten Aspekte und Grundlagen der Situation geben können. Es ist äußerst effizient, die Gedanken nach außen dringen zu lassen und diese kleinschrittig zu ordnen. Gerne kann diese Methode auch schon zu Beginn eines Projektes (vor allem, wenn Ihnen viele Informationen vorliegen) angewendet werden, um Verwirrung zu vermeiden. Auch ist es möglich, alleine auf diese Art und Weise zu reflektieren, um Informationen zu ordnen.

Soziogramm

Das Soziogramm ist eine Methode zur graphischen Darstellung von Beziehungskonstellationen innerhalb einer Gruppe von Personen. Wir erfahren dadurch, wer sich mit wem wie versteht oder wer irgendwie miteinander agiert.

Ein Soziogramm ermöglicht es uns also, sowohl Stärken und Schwächen als auch weitere Aspekte, die unsere Beziehungen beeinflussen können, herauszuarbeiten und darzustellen – sozio-psychologische Wechselwirkungen werden dadurch stark verdeutlicht. Dadurch wird es uns ermöglicht, zu Antworten auf diverse Fragen zu gelangen, wie zum Beispiel:

- Welche Personen arbeiten besonders gut zusammen?
- Welche Personen geraten schnell in Konflikte?
- Wie gut oder schlecht verstehen sich diese Kolleginnen und Kollegen?

Natürlich handelt es sich hierbei nur um einige potenzielle Beispiele – Soziogramme sind in der Tat nämlich auch in der Lage, uns noch weitere und spezifischere Informationen zu vermitteln. Schauen wir uns dazu an, wie man ein Soziogramm erstellt. Vielleicht wollen Sie dies ja auch einmal direkt ausprobieren? Zunächst sollten Sie sich ein Blatt Papier und einen Stift besorgen – mehr benötigt man dafür nicht! Nachdem Sie dies erledigt haben, sollten Sie sich nun die Namen aller Beteiligten notieren.

Eine klassische Mindmap, in der man einfach verschiedene Punkte miteinander verbinden kann, könnte hier als Beispiel dienen. Sie haben sich also nun die Namen der beteiligten Personen notiert – und nun geht's ans Verbinden! Machen Sie sich dabei genaue Gedanken über die interpersonellen Beziehungen, die im Team vorherrschen. Wie versteht sich Frau A mit Frau B? Wie effizient arbeiten Herr X und Frau Y zusammen? Denken Sie sich für alle Merkmale ein Symbol aus (z. B. Smileys oder Wettersymbole) und wenden Sie diese bei allen Verbindungen an.

Nachdem Sie dies erledigt haben, sollte nun ein vollständiges Soziogramm vor Ihnen liegen, welches Sie verwenden können, um weitere Vorgehen zu planen. Dadurch könnte Ihnen zum Beispiel die Bildung von Teams leichter von der Hand gehen – denn schließlich wissen Sie nun, wer mit wem am besten zusammenarbeiten kann. Konflikte und vermeidbare Hürden können somit also verhindert oder zumindest großteilig vermieden werden.

Motivation

Die Motivation ist mit Abstand einer der wichtigsten Faktoren, der sich auf fast alle Bereiche unseres Arbeitslebens, wie beispielsweise die persönliche Leistungsfähigkeit oder den Erfolg eines Projektes, enorm auswirken kann. Von ihr hängt fast alles ab – wie wir mit unseren Mitarbeitern interagieren, wie schnell wir arbeiten, wie viel wir in einem bestimmten Zeitraum erreichen können. Die Beispiele sind endlos. Doch Motivation ist dagegen ein Gut, an welchem es schnell mangeln kann. Manchmal ist sie sogar gar nicht vorhanden, manchmal kann sie nur mit großer Mühe generiert werden – und das kann schnell zur großem Frust und vermindertem Erfolg führen. Motivation ist also äußerst wichtig für das System. Sie ist der Treibstoff, der die Maschine zum Laufen bringt und auch am Laufen hält. Doch wie finden wir nun Motivation, wenn wir diese gerade mal nicht intrinsisch (also von innen aus uns selbst heraus) und ohne weitere Verwendung von Techniken und Taktiken herstellen können? Dies wollen wir uns in diesem Kapitel zusammen anschauen. Ihnen stehen dabei einige Methoden zu Verfügung, die sowohl Ihre Motivation als auch die der Mitarbeiter deutlich steigern kann – denn ohne Treibstoff funktioniert keine Maschine und ohne Motivation dementsprechend auch kein System.

Die Wunderfrage

Mit der Wunderfrage sind Sie schon einmal in Kontakt gekommen. Erinnern Sie sich einmal an das Kapitel, in welchem wir uns mit den verschiedenen Fragetechniken befasst haben, zurück. In diesem hatten wir bereits eine Grunddefinition der Wunderfrage kennengelernt und sind dabei zu der Erkenntnis gekommen, dass die Wunderfrage eine Technik darstellt, welche uns zum Fantasieren und aktivem Reflektieren bzw. Nachdenken anregt. Sie fordert uns dazu auf, unser Endziel zu visualisieren und es uns als lebendiges, positives Szenario auszumalen. Limitierende Mindsets und ein Mangel an Motivation können durch dieses äußerst wirkungsvolle Mittel schnell und effektiv aus dem Weg geschafft werden. Dadurch wird es uns ermöglicht, den Pfad Richtung Ziel mit Motivation und Optimismus zu beschreiten.

Beispiel: Sie schlafen heute Abend ein, das ganze Haus ist umhüllt von der Stille der Nacht und wie auch immer es passieren konnte, geschieht ein Wunder – Ihr Problem hat sich über Nacht in Luft aufgelöst und ist nicht mehr relevant. Sie schlafen jedoch und bekommen von alldem nichts mit.

Stellen Sie nun folgende Fragen:

- Wenn Sie nun darüber nachdenken: Woran stellen Sie nun am nächsten Morgen zuerst fest, dass Ihr Problem gelöst wurde?
- Was hat sich nun unmittelbar verändert?
- Was tun Sie in dieser Situation als Erstes?
- Was tun Sie im Anschluss?
- Was machen Sie in dieser Situation anders als sonst?
- Wer bemerkt als Erstes einen Unterschied und woran lässt sich dieser festmachen?
- Wer wird die spezifische Verbesserung gut, wer eher schlecht finden?
- Was hat sich in Ihrem Alltag verändert, in Ihrer Beziehung bzw. Ihren Beziehungen?

Selbstreflexiver Dialog

Über Reflexion haben wir schon einiges erfahren können. Sie kann vielseitig verwendet werden (z. B., um unsere eigenen Verhaltensweisen nachvollziehen zu können) und ist essenziell, um die Funktionsweisen eines Systems (z. B. bezüglich unserer Rolle in diesem) zu verstehen.

Doch durch Reflexion können wir auch Motivation schöpfen. In Phasen, in denen es uns an Antriebskraft mangelt, können wir deshalb gut auf die Methode des selbstreflexiven Dialogs zurückgreifen, welche uns dazu bringt, uns selbst von außen zu betrachten. Auf den ersten Blick mag dies etwas abstrakt klingen, jedoch ist diese Vorgehensweise gleich umsetzbar. Sie benötigen nur sich selbst und Ihre Gedankenkraft, um sich selbst über Ihre Fähigkeiten, Stärken, aber auch über Ihre Schwächen bewusst werden zu können. Oftmals sind wir uns über die verschiedenen Attribute unserer Persönlichkeit nicht bewusst. Dabei ist es enorm wichtig, sich über diese im Klaren zu sein, sodass wir sie folglich entweder weiter ausbauen – oder, wenn es sich um ein negatives Merkmal handelt – eventuell sogar in eine positivere Richtung rücken können.

Stellen Sie sich vor, dass Sie an einem Projekt arbeiten, welches sich über mehrere Monate erstrecken wird. Der Aufgabenberg ist riesig und Sie zweifeln an Ihren Fähigkeiten – schließlich sind Sie allein für alles verantwortlich! Es fällt Ihnen schwer, sich zu motivieren, da die Bewältigung des Projektes auf Sie fast unmöglich wirkt. Ihr Kollege spricht Sie, nachdem Sie ihm Ihren Frust mitgeteilt haben, nach ein paar Tagen noch einmal an. Er ist der Meinung, dass Sie sehr wohl der richtige Kandidat für dieses Projekt sind.

Kollege: Hey, ich sehe schon, dass dir das alles etwas zu Kopf steigt. Du schaffst das, ich glaub an dich!

Sie: Also ich bin mir da nicht so sicher – schau dir mal den Berg an Aufgaben an! Das ist so viel. Außerdem bin ich mir nicht sicher, ob ich das ganze vier Monate lang durchhalten kann.

Kollege: Aber schau mal, du hast schon bereits vor zwei Jahren ein solches Projekt abgeschlossen – und das ging sogar zwei Monate länger! Dann schaffst du das hier locker.

Die Worte des Kollegen regen Sie zum Reflektieren an. An das alte Projekt hatten Sie ja gar nicht mehr gedacht! Vielleicht sind Sie ja auch gar nicht mal so ungeeignet, wie Sie zuerst angenommen haben? Schließlich waren Sie damals auch auf sich alleine gestellt – und das Projekt war am Ende auch sehr erfolgreich. Sie werden sich langsam darüber bewusst, dass Sie durchaus die Fähigkeit besitzen, alleine und langfristig an einem Projekt zu arbeiten; Sie bemerken, dass Ihre negative Grundeinstellung Sie davon abhält, Ihre positiven Seiten glänzen zu lassen. Das war Ihnen vor dem Einschub Ihres Kollegen gar nicht so richtig bewusst. Sie fühlen sich motivierter und sind bereit, mit der Arbeit zu beginnen.

Sie: Ich hab noch einmal etwas darüber nachgedacht und glaube tatsächlich, dass ich doch das nötige Durchhaltevermögen besitze.

Kollege: Da würde ich dir durchaus zustimmen. Ich habe dich schon immer als Person mit großem Durchhaltevermögen gesehen. Du hast damals echt eine tolle Leistung erbracht.

Sie: Vielen Dank. Meine negativen Gedanken haben mir echt die Motivation geraubt. Jetzt fühle ich mich aber schon viel besser.

Kollege: Das hab ich auch gemerkt. Ich freue mich, dass du dieses Mindset beiseitelegen konntest – denn du bist wirklich sehr gut für diesen Job geeignet.

Der Kollege bestätigt die Validität Ihrer Selbstreflexion, indem er Ihnen zustimmt. Die Motivation steigt wieder, da Sie sich nun über Ihre Stärken und Schwächen bewusst sind.

Wenn Sie mal keinen Kollegen zur Seite haben, ist es selbstverständlich auch möglich, diese Technik allein zu verwenden. Das mag zwar etwas schwieriger sein, aber hilft in motivationsbezogenen Dürrezeiten dennoch enorm. Lernen Sie sich also selbst kennen – es lohnt sich!

„VERSCHREIBUNGEN"

Verschreibungen – hat das nicht was mit Arzneimitteln zu tun? Und was bedeutet das denn jetzt genau im Hinblick auf das Thema der Motivation? Dies wollen wir im Folgenden klären. Sie alle erinnern sich bestimmt an Ihre Schulzeit zurück. Anstatt den Nachmittag mit Freunden zu genießen, verbrachte man diesen nicht selten mit den Hausaufgaben für den nächsten Tag. Was wir damals als nervig, störend oder gar unnötig empfanden, war jedoch essenziell für unsere Bildung. Durch den Unterricht allein würde man es nicht schaffen, das gelernte Material wirklich zu verinnerlichen. Dies lässt sich auch auf das Arbeitsleben und die systematische Beratung beziehen. Zwar fällt das klassische Hausaufgabenformat dabei weg, jedoch gibt es auch hier gewisse Dinge (wie z. B. den Ausbau von persönlichen Stärken), die auch außerhalb der Arbeitszeiten erledigt werden müssen. Es ist in der Regel nicht möglich, sich während der – im Vergleich zum restlichen Tag – relativ kurzen Arbeitszeit vollständig über gewisse Verhaltensweisen und Handlungsmuster sowohl bewusst zu werden als auch aktiv und erfolgreich an diesen zu arbeiten. Solche Aufgaben sind somit weder schnell noch einfach (oder gar nebenher) zu erledigen. Sie fordern Disziplin voraus und setzen auf ein gewisses Maß an Selbstständigkeit. Hier kommen nun die sogenannten Verschreibungen ins Spiel, die Ihnen, wie der Name bereits vermuten lässt, gewisse Aufgaben verschreiben, welche es zu erledigen gilt – theoretisch (und auch praktisch) gesehen sind dies also Ihre Hausaufgaben. Es ist ein simples Konzept, welches sich doch als enorm hilfreich erweist.

Die Verschreibung von verschiedenen Aufgaben ist zusammengefasst also ein enorm wichtiges Hilfsmittel, welches Stärken ausbauen und Schwächen abbauen kann, wodurch langfristige Verbesserungen auftreten können – ganz genauso wie ein Medikament oder – wenn wir an das Schulbeispiel zurückdenken – wie eine klassische Hausaufgabe. Es lohnt sich, diese Technik immer dann anzuwenden, wenn Sie gerade dabei sind, beispielsweise einen neuen Skill zu erlernen, oder Ihre persönlichen Stärken auf ein neues Level bringen möchten!

Hat beispielsweise eine Mitarbeiterin in einem Unternehmen Probleme mit ihrem Vorgesetzten, kann sie entweder so tun, als ob sie dauerhaft in Auseinandersetzung stehen würden **oder** als ob sie keine Probleme mit ihm hätte (=Verschreibung). Daraufhin wird sie ihr Verhalten und das ihres Vorgesetzten besonders genau beobachten und besser reflektieren können.

Zusammenarbeit verbessern

Ein System kann vor allem dann nicht funktionieren, wenn die einzelnen, beteiligten Komponenten fehlerhaft, gar nicht oder gar schlecht zusammenarbeiten.

Wir erinnern uns daran, dass alles in einem System voneinander abhängig ist: beispielsweise die Kommunikation von der Technik, die Technik von denen, die Sie instand halten, und diejenigen, die die Technik instand halten, von der Bereitstellung der benötigten Werkzeuge.

Wenn wir uns jedoch nun auf den Arbeitsplatz fokussieren, ist das, was uns am meisten betrifft und interessieren sollte, die Sphäre der menschlichen Zusammenarbeit. Ohne effektiv zusammenarbeitende Teams funktioniert nichts – weder die ordentliche Organisation von bestimmten Aufgaben noch das erfolgreiche Bewältigen von Projekten. Die Liste von Beispielen, die die Wichtigkeit von guter Teamarbeit hervorheben, könnte man theoretisch endlos weiterführen – aber die meist angespannten Dynamiken innerhalb von Arbeitsgruppen oder gar ganzen Abteilungen und Unternehmen ermöglichen dies oftmals leider nicht. Dabei hängt alles, wie bereits betont, von guter Zusammenarbeit ab. Persönliche Sympathien und Neigungen sollten im Idealfall zu Hause gelassen werden; sie haben beispielsweise im Büro oder am Meetingtisch eigentlich keinen Platz. Natürlich gehört es zur menschlichen Natur dazu, dass man mit unterschiedlichen Personen auch unterschiedlich sympathisiert, jedoch sollte dies nicht zu Fortschrittshinderungen oder unnötigen und vermeidbaren Konflikten führen. Aus diesem Grunde möchten wir uns in diesem Kapitel mit Techniken beschäftigen, welche dazu in der Lage sind, die Zusammenarbeit langfristig und nachhaltig zu verbessern – denn nur ein gut eingespieltes Team schafft es, Großartiges zu erreichen.

Soziogramm

Zu Beginn werden wir auf eine Methode zurückgreifen, die Sie bereits in einem früheren Kapitel kurz kennenlernen durften – doch nun gilt es, sich diese noch einmal genauer anzuschauen und uns ihr reiches Potential erneut vor Augen zu führen. Es handelt sich hierbei um das Soziogramm, also um jene äußerst effiziente Technik, die uns durch graphische Darstellungen Aufschluss über sämtliche Verbindungen zwischen den Mitarbeitern in einem Team geben kann.

Es wurde bereits angedeutet, dass man durch Soziogramme zum Beispiel auch Teams zusammenstellen kann, um eine möglichst hohe Arbeitsleistung zu generieren. Diese Arbeitsleistung hängt von sämtlichen Faktoren ab.

Sympathie

Zunächst wäre da natürlich die Sympathie zwischen den Mitgliedern.

- Wer versteht sich mit wem am besten?
- Welche Personen können sich gar nicht leiden?
- Wer gerät öfters mal in Konflikte?

Fähigkeiten und Erfahrung

Wir sind in der Lage, durch solche Beobachtungen bereits einige Einschätzungen über potenzielle Teamkonstellationen abzugeben – doch auch Kriterien wie Fähigkeiten, Interessen, Arbeitserfahrungen, persönliche Beziehungen (sowohl positiv als auch negativ) und Arbeitsbereitschaft sollten durchaus bei der Zusammenstellung von Teams betrachtet werden. Solche Faktoren wirken sich sowohl auf die Leistung des Teams als auch auf die bestehenden interpersonellen Beziehungen aus. Wenn sich in einem Team nur Menschen befinden, die zum Beispiel gerade erst ins Berufsleben starten, sich jedoch aber sehr gut miteinander verstehen, kann dies in der Tat auch zu negativen Konsequenzen und Entwicklungen führen.

Durch den Erfahrungsmangel kann es schnell zu Frust kommen, da unter anderem niemand so richtig weiß, wie nun vorgegangen werden soll. Durch solche Fehler bei der Zusammenstellung der Gruppe kann die Stimmung im Team also schnell kippen – Personen, die sich einst gut verstanden haben, geraten also nun in Konflikte, welche durchaus hätten vermieden werden können.

Aus diesem Grunde kann es also sinnvoll sein, schon vor Beginn der Zusammenarbeit ein Soziogramm als Hilfsmittel zu verwenden.

Für die Erstellung eines Soziogramms können Sie die Methode benutzen, die wir bereits besprochen haben. Sie zeichnen also ein Diagramm, welches die Namen aller Teammitglieder umfasst, wählen Symbole aus, die die verschiedenen Verbindungen zwischen diesen repräsentieren, und fangen an, beispielsweise durch Beobachtungen oder Befragungen, das Soziogramm zu beschriften. Verdeutlichen wir dies an einem Beispiel:

Sie leiten eine Abteilung, in welcher die Arbeit in Teams erledigt wird. Sie wollen für das nächste Projekt eine Personengruppe zusammenstellen, in der eine gute Atmosphäre herrscht – schließlich kam es in der Vergangenheit öfters zu Konflikten, die man hätte vermeiden können. Sie rufen sich also die potentiellen Kandidaten und Kandidatinnen in den Kopf und stellen sich vor, wie diese interagieren würden. Dies könnte ungefähr so aussehen:

Herr Schmidt und Herr Schulze verstehen sich nicht sehr gut, während Frau Maier und Frau Müller hervorragende Teamkolleginnen darstellen würden. Diese stehen Herrn Schmidt neutral gegenüber. Das bietet sich an, denn um einen Konflikt zu vermeiden, wäre es logisch, Herrn Schulze lieber nicht ins Team einzubringen. Da die beiden Herren beide gleich viel Erfahrung mitbringen, würde auch kein bedeutendes Maß an Leistungskraft wegfallen. Frau Müller bringt Expertise auf einem anderen Gebiet mit, welche sich sehr gut mit der von Herrn Schmidt ergänzt. Da Frau Maier ihre Fähigkeiten in beiden der Bereiche ausbessern möchte, bietet sich dies als gute Möglichkeit an. Herr Neuer hat schon einmal mit Frau Meier zusammengearbeitet, was ganz gut funktioniert hat – doch Herr Schmitz hatte sich in der Vergangenheit über diesen beschwert, was jedoch einen Einzelfall darstellt. Da in den letzten Monaten jedoch nichts vorgefallen ist, nehmen Sie ihn auch in das Team auf. Die beiden respektieren sich und auch sonst ist die Beziehung eher neutral einzuschätzen. Herr Neuer und Frau Wolf verstehen sich exzellent und arbeiten gut mit Herrn Becker im Team zusammen – doch Herr Becker bringt leider nicht genug Erfahrung mit, die für das Projekt benötigt wird. Aus diesem Grund nehmen Sie also nur Frau Wolf in das Team auf, da diese mehr Erfahrung besitzt und sich mit den meisten Mitarbeitern gut versteht.

Dies führen Sie nun so lange durch, bis Sie jede Beziehung analysiert haben. Sie streichen also alle Kandidaten weg, die nicht in die Gruppe passen, und fügen die, welche die nötigen Fähigkeiten besitzen und miteinander harmonieren, in das Team ein. Ohne Kompromisse ist dies leider manchmal nicht möglich. Nicht immer verstehen sich alle Teammitglieder perfekt und manchmal mangelt es einzelnen Personen an essenziellen Fähigkeiten – trotz all der

Bemühungen Ihrerseits (z. B. aufgrund von Personenmangel). Versuchen Sie dennoch, die bestmögliche Konstellation zusammenzustellen, und meiden sie Kombinationen, bei denen Sie schon vor Projektbeginn davon ausgehen, dass diese in Konflikten enden könnten. Der richtige Zusammenbau eines Teams ist äußerst wichtig und sollte deshalb sehr ernst genommen werden.

Skulpturarbeit

Die nächste Methode, mit der wir uns beschäftigen werden, lässt uns in die Rolle eines Bildhauers schlüpfen – doch was können wir uns genau im Kontext der Arbeitswelt unter dem Begriff der Skulpturarbeit vorstellen?

Im Allgemeinen handelt es sich um eine Technik, welche eigentlich aus der systemischen Familientherapie stammt und von der US-amerikanischen Soziologin Virginia Satir entwickelt worden ist. Ursprünglich war sie also für die Analyse und Aufarbeitung von Familienstrukturen bestimmt. Wenn wir uns nun unser Team, also dieses Geflecht aus sämtlichen Mitarbeitern, als Familie vorstellen, ist es gar nicht mal so schwer, diesen Therapieansatz wirkungsvoll anzuwenden – denn eigentlich ist eine Familie ja auch nichts anderes als ein System.

Genauer gesagt geht es bei der Skulpturarbeit um die Fremdwahrung unseres Selbst durch z. B. Kollegen, Teammitglieder, Vorgesetzte oder Führungskräfte. Unterschiedliche Personen haben dabei meistens auch unterschiedliche Meinungen – und die können sich wiederum stark von unserer Selbstwahrnehmung unterscheiden.

Manchmal wissen wir gar nicht so richtig, wie wir auf andere Menschen wirken. Wir gehen davon aus, dass wir beispielsweise aufgeschlossen und freundlich rüberkommen, während ein Kollege (z. B. aufgrund Ihres Gesichtsausdrucks, der eher das Gegenteil vermuten lässt) Sie als schlecht gelaunt und verschlossen wahrnehmen mag. Viel können wir zwar schon durch Selbstreflexion über uns lernen, aber manchmal ist dieser distanziertere Blick auf unser Verhalten tatsächlich unumgänglich.

Bei der Skulpturarbeit erstellen wir also die Skulptur einer bestimmten Person, die auf unseren Wahrnehmungen gegenüber dieses Menschen basiert. Wie bereits erwähnt, kann dies je nach Bildhauer sehr unterschiedlich aussehen, weshalb es empfehlenswert ist, mehrere Bildhauer ans Werk zu lassen. So kann verhindert werden, dass beispielsweise böse Absichten oder übermäßiges Lob das Bild der zu beschreibenden Person verzerren. Natürlich kann eine komplette Objektivität dabei nicht erreicht werden, jedoch sollte man stets in Richtung dieser streben.

Ressourcenwertschätzung

Wir alle bringen jeweils verschiedene Ressourcen, also unterschiedliche Fähigkeiten, Stärken und Interessen mit, die uns einzigartig machen und die wir in sämtlichen Situationen positiv verwenden können. Manche können gut in der Öffentlichkeit Dinge präsentieren, manchen liegt es eher, kreative Arbeiten zu erledigen. Andere wiederum denken eher logisch und strategisch, während einige Menschen es eher bevorzugen, einfach mal unterschiedliche Dinge auszuprobieren – all diese Attribute und Merkmale sind äußerst wertvoll und sollten stets geschätzt, respektiert sowie gefördert werden. Leider müssen wir jedoch feststellen, dass es in bestimmten Situationen – egal, wie wertvoll die Ressourcen eines Teammitglieds auch sein mögen – schnell dazu kommen kann, dass einige dieser Fähigkeiten ignoriert oder als nutzlos dargestellt werden. Es ist jedoch äußerst wichtig, die Ressourcen der anderen Teammitglieder nicht schlecht zu reden – eher sollte man diese erkennen, gezielt in das System einbauen und mit anderen Ressourcen kombinieren. Nur weil ein Kollege beispielsweise weniger Expertise und Erfahrungen auf einem Gebiet mitbringt als ein anderes Teammitglied, bedeutet dies nicht, dass dieser Kollege einen geringeren Wert mit sich trägt. Auch er oder sie verdient es, seine Skills in das Projekt einzubringen – schließlich hat dies ja auch einen gewissen Lerneffekt!

Verdeutlichen wir die Wichtigkeit der Ressourcenwertschätzung nun einmal an einem kleinen Beispiel:

Sie sind dabei, ein Team für das nächste Projekt zusammenzustellen. Ihre Abteilung besteht aus Mitarbeitern, die jeweils unterschiedliche Qualifikationen besitzen. Viele von ihnen sind dazu noch relativ neu in der Firma und bringen entweder wenige (z. B., da sie vor kurzem erst ihr Studium abgeschlossen haben) oder andere Erfahrungen (u. a. aus früheren, sich vom jetzigen Job unterscheidenden Arbeitsstellen) mit, was ihre älteren Mitarbeiter nicht gerade glücklich macht. Sie bekommen mit, dass sich mehrere ihrer langjährigen Kollegen Sorgen über die Effizienz des Teams aufgrund der unterschiedlichen Arbeitserfahrungen machen – sie stellen sich einige Fragen und kritisieren ihre potenziellen Teammitglieder sehr. Das Verhalten der Kollegen scheint den Fortschritt des Projektes aufzuhalten – schließlich fehlt es (laut ihnen) den anderen Mitarbeitern am notwendigen Knowhow, das für die Bewältigung des Projektes notwendig ist. Sie rufen das Team zur einem Meeting zusammen, um dieses Problem bzw. diese Sorge zu klären. Nachdem sich nun alle Kollegen an einem Ort versammelt haben, entscheiden Sie sich dazu, deutlich zu erwähnen, dass es durchaus möglich ist, in einem Team, welches sehr unterschiedlich scheint, auch gute Ergebnisse zu erreichen, indem die Mitglieder ihre Fähigkeiten kombinieren, ergänzen und ausweiten. Sie heben dabei vor allem die Sorgen der älteren Mitglieder hervor und vergewissern Ihnen, dass es mehr bringt, die Ressourcen der anderen zu schätzen, anstatt sich auf die fehlenden Fähigkeiten zu fokussieren — denn nur, wenn wir uns gegenseitig respektieren und fördern, ist es möglich, Fortschritte zu machen.

Probleme ansprechen

Den wenigsten von uns fällt es leicht, Probleme anzusprechen. Dies ist ein Akt, der mit vielen unangenehmen Gefühlen verbunden ist. Wenn man zum Beispiel realisiert, dass sich ein Kollege problematisch verhält, wäre der nächste sinnvolle Schritt natürlich, ihn oder sie darauf anzusprechen und darum zu bitten, das Verhalten zu unterlassen oder zu ändern. Doch die wenigsten Personen schaffen es, so viel Mut aufzubringen. Keiner tritt einem Kollegen gerne auf den falschen Fuß und möchte diesen durch das Äußern harscher (aber leider manchmal notwendiger) Kritik zu sehr kränken – schließlich ist es möglich, dass dies zum Beispiel zu einer Verschlechterung der zwischenmenschlichen Beziehungen innerhalb der Kollegschaft kommen kann, was sich nicht gerade positiv auf das Arbeitsklima auswirkt. Es sollte also unser Ziel sein, Probleme so offen wie möglich ansprechen zu können und dabei stets den Aspekt des Respekts und der Konstruktivität (also der Nutzbarkeit der Kritik) im Auge zu behalten, sodass ein reibungs- und konfliktloses Äußern von Sorgen und Verbesserungsvorschlägen auch effektiv vollzogen werden kann. Leider ist das nicht für jeden eine intuitive Angelegenheit, weshalb es notwendig ist, sich ein Bewusstsein für die verschiedenen Techniken, die uns zur Verfügung stehen, anzueignen. Dies wollen wir in diesem Kapitel zusammen erlernen.

Wirklichkeit als gemeinsame Konstruktion – Die Veränderung „innerer Landkarten"

Haben Sie schon einmal darüber nachgedacht, dass Landkarten nicht viel mehr aussagen, als sich ihre Benutzer im Land zurechtfinden und sich an ihr orientieren, als über das dargestellte Land selbst? Also viel mehr über die Konstruktion als über die eigentliche Wirklichkeit? Landkarten **sortieren**, **strukturieren** und **fokussieren** für ihre Zweckbestimmung auf **das Wesentliche** und bieten durch diese Komplexitätsreduktion einen hohen Nutzen.

Geographische Landkarten sind zum Kulturgut geworden und bieten Menschen in unbekannter Umgebung **Stabilität**. Grobe anstatt differenzierte, komplexe Karten machen es dem Nutzer leichter, Entscheidungen zu treffen. Wichtig ist aber, sich zu merken, dass man erst dann eine realistische Landkarte von der Welt erstellen kann, wenn man sie bereist und erforscht hat. Eine Landkarte bildet die Welt dann so ab, wie sie vom Ersteller gesehen und interpretiert wird. Damit aber manipulieren sie den Anwender. Und das betrifft nicht nur die Auswahl, die abgebildet wird, sondern auch, wie sie dargestellt wird.

Zeigen heißt auch gleichzeitig **Verbergen** – so entstehen Weltbilder. Für die Karte ist es daher wesentlich, an welcher Stelle der Fokus von wem gesetzt wurde. Dies sollte in diesem Zusammenhang möglicherweise auch reflektiert und hinterfragt werden. Durch die Kartographie, die mithilfe der Landkarte angefertigt wird, wird ein Stück dessen aufgedeckt, was andernfalls mehr oder weniger bewusst durch den Ersteller als nicht relevant bewertet worden wäre. Interessante Fragestellungen sind dabei die Frage nach dem Zentrum und der Mitte, wo ein Ausschnitt aufhört, woran die Orientierung innerhalb der Landschaft gemessen wird sowie welche Symbole, Zahlen und Zeichen oder spezifischen Wortbestandteile es gibt. Karten können durchaus auch Realitäten erschaffen, die es ohne sie nicht gäbe.

Ein Beispiel liefert die **Mercator-Karte**, die die erste zweidimensionale Darstellung der Welt darstellt. Jedoch ist die Karte flächenverzerrt: Je weiter Länder in den Norden verschoben werden, desto größer wirken sie.

Aus diesem Grund wirken auch Europa, die USA und Russland größer, als sie im Verhältnis sind. Hier wird das Ausmaß der Verzerrung der Proportionen deutlich, die sich zugunsten der westlichen Industrienationen sowie der weißen Erdbevölkerung auswirkt. Wer die Karte zeichnet, hat also die Macht. Deshalb sind auch die Grenzen Afrikas so gerade: Viele Länder in Afrika und auch Lateinamerika haben schnurgerade Grenzen. Das liegt vor allem daran, dass dort irgendwann die europäischen Kolonialmächte mit dem Lineal die Welt untereinander aufgeteilt haben. Dies gelang ihnen aufgrund ihrer Macht. Hierbei haben sie ungeachtet der eigentlich gewachsenen Strukturen die Landkarte so gezeichnet, wie es für sie als angenehm erachtet wurde.

Der Begriff der Landkarte ist in den vergangenen Jahren immer mehr zu einer systemischen Metapher geworden. Gleichzeitig ist das Mapping nicht zuletzt durch die im Rahmen des schulischen Kontextes eingesetzte Methode des Mind Mappings und die Darstellung von Prozesslandschaften auch außerhalb des methodischen Bereichs zu einem wichtigen und gängigen Begriff avanciert.

Das Leben erschließen wir uns im Laufe des Lebens dabei durch die eigenen Landkarten. Daher sind diese von großer Bedeutung für uns.

Hier setzt wieder der **radikale Konstruktivismus** ein: Aufgrund unserer persönlichen Wahrnehmung erschaffen wir ein auf Subjektivität basierendes Abbild der Realität, das unabhängig vom Individuum nicht besteht. Hier ist es wichtig, sich bewusst zu machen, wie sehr Karten in der Tat Ansichtssache sind. Realität wird damit zu einem Bestandteil, den Individuen durch einen festgelegten Filter betrachten. Sie ist somit nur eine Konstruktion der Wirklichkeit, die auf den eigenen Sinnen und Erinnerungen basiert. Realität wird somit zu einem Faktor, der viel zu komplex ist, um ihn durch Dimensionen wie beispielsweise Raum und Zeit vollumfänglich zu erfahren. Im Kontext der systemischen Beratung beschreiben die sogenannten inneren Landkarten somit sowohl die bewussten als auch die unbewussten Orientierungsmuster, die sich jedes Individuum im Verlauf seines Lebens angelegt hat.

Einfluss auf die innere Landkarte nimmt also die ganz persönliche Vorgeschichte des Lebens, von der Entwicklung der Kindheit bis zum heutigen Standpunkt mitsamt all den gesammelten Erfahrungen und Erlebnissen:

Dazu zählen

- familiäre und gesellschaftliche Erwartungen und Voraussetzungen,
- Werte der Eltern bzw. des engsten Umfelds,
- nicht hinterfragte Normen,
- die eigenen Reaktionen und Wahrnehmungen bestimmter Ereignisse und die daraus eigens entwickelten Regeln,
- Einstellungen,
- (Moral-)vorstellungen,
- Wertmaßstäbe,
- Normen und (Glaubens-)haltungen.

Die auf diese Weise generierten Orientierungsraster werden damit zu einem Spiegel, der die individuelle Persönlichkeit wiedergibt. Somit bestimmen sie, worauf das Individuum bei seiner Orientierung in der Welt den Schwerpunkt legt. Ebenso verhält es sich im Rahmen des Vorgehens der inneren Landkarte. Dass Landkarten nur individuell gefilterte und speziell ausgewählte Aspekte des Individuums abbilden, wurde bereits beschrieben.

Das heißt, unsere Wahrnehmung erfasst das, was wir als bedeutend bewerten – also das, was sich im Verlauf von Sozialisation und Entwicklung für uns bewährt hat. Meist haben sich die als bedeutend bewerteten Aspekte als besonders nützlich herausgestellt. Andere Informationen hingegen konnten herausgefiltert werden.

Der zu starke und ausschließliche Fokus auf die eigene innere Landkarte birgt dabei allerdings auch Konsequenzen. Jeder, der nur seine eigene Landkarte kennt, fokussiert sich bei der Interaktion mit anderen ausschließlich auf seine Sicht der Welt. Das heißt, er tendiert dazu, sich seine eigenen Sichtweisen immer wieder selbst zu bestätigen. Diese Haltung verleitet im Weiteren dann dazu, vorschnelle Entscheidungen zu treffen. Gleichzeitig ignoriert diese Haltung den Wandel und blendet Neues und Unbekanntes außerdem aus. Deshalb sollten die inneren Muster und Orientierungen immer wieder hinterfragt und erweitert werden, was eine Methode der systemischen Beratung darstellt.

Zwar hat man irgendwann den Punkt erreicht, an dem die Persönlichkeit gefestigt und die innere Landkarte gezeichnet ist. Veränderungen der inneren Landkarte sind jedoch trotzdem möglich, da diese einem stetigen Wandel innerhalb der persönlichen Entwicklung unterliegt. An diesem Punkt der Festigung der Persönlichkeit, die häufig entsteht, wenn man fest im Beruf angekommen ist, läuft man Gefahr, sein Verhalten nicht mehr zu hinterfragen, sondern automatisiert zu handeln. Und plötzlich wundert man sich, wieso es nicht so gut läuft.

Da kommt die Methode der systemischen Beratung zugute: Die Veränderungen der inneren Landkarte beinhalten zum Beispiel, sich aus der **Komfortzone der Routine** heraus und in neue Erfahrungen außerhalb des Bekannten und der bestehenden Muster der Landkarte zu wagen.

Eine Möglichkeit bietet dabei die Tatsache, sich mit Menschen zu treffen, die andere Fragen formulieren und Ihnen Sichtweiten präsentieren – auch wenn das bei Ihnen auf Widerstand stoßen kann, wenn Sie von anderen Menschen unvermittelt mit deren tiefen Überzeugungen konfrontiert werden. Das liegt vor allem daran, dass diese häufig nicht mit Ihren bisherigen Vorstellungen harmonieren.

Werden uns diese Wahrnehmungsfilter von anderen Menschen genommen, führt dies dazu, dass wir nicht mehr im Einklang mit unseren Vorstellungen über die Welt stehen. Geht es darum, neue positive Erfahrungen zu machen, kann das positiv sein, weil dadurch neue Fähigkeiten erlernt werden können. Handelt es sich jedoch um negative Erfahrungen, kann dieses Vorgehen auch Angst und Stress erzeugen, vor allem dann, wenn sich spezifische Unstimmigkeiten nicht beheben lassen. Das führt dann dazu, dass die eigene Welt nicht mehr stimmig ist und somit in der Folge nicht mehr begriffen werden kann. Tritt dieser Fall ein, kann dies ein hohes Maß an emotionalem Stress sowie Unruhe generieren. Dies ist es auch, was in Konflikten passiert: Da dem Großhirn Energie abgezogen wird, blockiert es. Das Stammhirn, welches auch als Reptilienhirn bekannt ist, droht hierbei, die Führung unkontrolliert zu übernehmen.

Bei diesem Vorgang werden wir mitten in die tieferen Strukturen unserer Persönlichkeit getroffen. Auf diese Weise kommt nicht nur unser Welt-, sondern auch unser inneres Selbstbild ins Wanken. Innerhalb dieses Prozesses versucht das Gehirn, Stimmigkeit zu erzeugen, und beabsichtigt, durch den Abgleich mit der inneren Landkarte Stress zu reduzieren.

‚Landkarten' im Unternehmen

Interessant wird die Metapher der Landkarten auch im Bereich Unternehmen oder Organisationen: Wer zeichnet die innere Landkarte eines Unternehmens? Wer hat dort die Macht, die Landkarte von Kunden, Markt und Wettbewerb zu zeichnen, auf deren Grundlage Entscheidungen getroffen werden? Wird dafür das vorhandene Erfahrungswissen aller Abteilungen genutzt? Wie alt sind die Informationen, auf denen die Kartenzeichnungen basieren? Wann wurde die Karte zuletzt mit der Realität verglichen? Um als beratende Person einer Organisation bei der Erstellung einer gemeinsamen inneren Landkarte zu helfen, benötigt man fünf Konzepte:

1. Ein Zentrum

➢ Wo befindet sich die Mitte? Was kann man von dort aus sehen, was ist die beste **Perspektive**? Befindet man sich selbst eher am Rand oder eher im Zentrum?

2. Eine Orientierung

➢ Wo ist der Norden? Wo befindet man sich? Was liegt **hinter**, was liegt **vor** einem?

3. Eine Grenze

➢ Wo ist die Grenze der bekannten Welt? Wo hört die Landkarte auf? Und warum? Was scheint einem **uninteressant** und wieso?

4. Einen Maßstab

➢ Wie wird die Welt vermessen? Wessen Maßstäbe werden dafür eingesetzt und somit übernommen? Wie wird **bestimmt**, was „wichtig" oder „unwichtig", „groß" oder „klein" erscheint?

5. Eine Abstraktion

➢ Wie wird die Welt aus der Karte heraus „**übersetzt**", wie versteht man sie daraus? Was wird dabei verloren? Was wird in den Vordergrund gestellt, was sieht man scharf, was eher unscharf?

Die innere Landkarte ...*auf einen Blick!*

- Was finde ich erstrebenswert für mein Leben?
- Welche Werte sind mir persönlich wichtig?
- Wonach bewerte ich mich selbst?
- Wonach bewerte ich andere Menschen?
- Welche Regeln habe ich für mich aufgestellt?
- Welche Regeln gelten für den Umgang mit anderen Menschen?
- Was erwarte ich von andere*n Menschen?*
- Wie verhält „man" sich? Was darf „man", was tut „man" nicht?
- Was sind absolute No-Gos?

Ausnahmen und „Möglichkeitssinn"

Sie selbst haben es bestimmt schon einmal erlebt – Ihre Gedanken sind festgefahren, Sie konzentrieren sich nur auf gewisse Dinge und auch im Allgemeinen ist Ihr Denken sehr engstirnig und festgefahren. Sie reden von „müssen" und nicht von „können", nehmen also keine anderen Möglichkeiten wahr, ziehen diese erst gar nicht in Erwägung. Ein solches Mindset bringt niemanden von uns weiter – in den meisten Fällen führt es nur zu Frust und zieht Problemlösungsprozesse unnötig in die Länge. Auch verschließen wir somit bewusst die Augen vor den verschiedensten Ansätzen, die uns allesamt zu Verfügung stehen – dabei wären sie so leicht anzuwenden. Kurz gesagt mangelt es vielen Menschen an einem ausgeprägten Möglichkeitssinn, also der Fähigkeit, verschiedene Wege und Möglichkeiten, die uns zur Verfügung stehen, zu betrachten. Sie beziehen sich nur auf eine Lösung und besitzen gleichzeitig kein Gespür für Variation in Bezug auf unterschiedliche Handlungsweisen – dabei ist es essentiell, für Neues offen zu sein und zu akzeptieren, dass nicht nur der bevorzugte Weg jener ist, der zwangsweise zum Ziel führen muss.

Wenn wir nun also Probleme ansprechen möchten, sollten wir dies stets im Hinterkopf behalten. Es geht also immer um verschiedene Möglichkeiten, nicht um ein einziges Ultimatum. Die Fragen sind dabei so gestaltet, dass sie nach Ausnahmen, Unterschieden, kleinsten Veränderungen, spezifischen Ideen oder absurden Möglichkeiten fragen. Möglichkeiten bekommen durch Fragen nach Ausnahmen einen neuen Sinn zugeschrieben. Dies trägt dazu bei, dass unbewusstes Wissen entdeckt werden kann. Folglich kann ebendieses Wissen auf neue Weise für die Lösung eines Problems oder die Erreichung eines Ziels genutzt werden. Da die meisten Ausnahmen vom Problem kennen, scheint es für die Umsetzung am einfachsten zu sein, wenn konkret nach Ausnahmen gefragt wird.

- „Wie oft ist das Problem nicht aufgetreten?"
- „Wie lange ist das Problem nicht mehr aufgetreten?"
- „Wie wurde in diesen Zeiten der Abwesenheit des Problems anders gehandelt?"

Ressourcen mobilisieren

Jeder Mensch verfügt über eine Bandbreite an Ressourcen, also Fähigkeiten, Interessen sowie Merkmale, die ihn von anderen Personen abgrenzen und einzigartig machen. Bei korrekter und gezielter Ausschöpfung des Ressourcenpotentials können uns diese Fähigkeiten zu großem Erfolg verhelfen und uns Seiten unserer selbst aufzeigen, welche wir vorher vielleicht nie entdeckt hätten. Doch nicht immer ist es leicht, auf diese zurückzugreifen und deren Potential zu aktivieren, sie kurz gesagt also zu mobilisieren. *Mobilisieren* bedeutet also, die Ressourcen – genau wie ein Fahrzeug – *ins Rollen* (also zum Arbeiten und Wirken) zu bringen. Leider müssen wir feststellen, dass sich die meisten Menschen den Ressourcen nicht bewusst sind oder – falls sie doch Wissen darüber verfügen sollten – nicht ganz so recht erahnen können, wie sie diese nun ausbauen, anwenden und nachhaltig in den Alltag integrieren sollen. Aus diesem Grund steht in diesem Kapitel das Erlernen von gewissen Taktiken, die uns dabei helfen, unsere Ressourcen mobil zu machen, im Fokus – denn ohne das geschickte Zusammenspiel unserer Ressourcen würden wir nicht sehr weit kommen.

Reflektierendes Team

Über die Arbeit im Team durften wir bereits einiges lernen und konnten dabei feststellen, dass eine gute, produktive und erfolgreiche Arbeitsatmosphäre von einigen Faktoren abhängig ist, die es allesamt nicht zu vernachlässigen gilt. Sei es die Kommunikation oder das gezielte Ansprechen von Problemen, Hilfsbereitschaft oder die Fähigkeit, immer zufriedenstellende Leistungen zu erbringen – alles ist ein Resultat der vorherrschenden Teamdynamiken. Es ist ganz einfach: Ein Team, in welchem die Ressourcen der Mitarbeiter wertgeschätzt (dazu mehr im entsprechenden Kapitel), angewendet, erkannt und mobilisiert werden, ist ein Team, welches gemeinsam Großartiges schaffen kann. Doch wie setzen wir das jetzt um? Wie beziehen wir das auf unseren Arbeitsalltag? Hierbei kommt der uns bereits vielfach begegnete Begriff der Reflexion wieder ins Spiel. Reflektieren kann man alleine, zu zweit, aber natürlich auch mit mehreren Personen – also mit seinem Team – zusammen. Diese Methodik, welche vom Psychologen Tom Andersen aus Schweden in den Achtzigerjahren entwickelt worden ist, erweist sich in allen Stufen und Phasen der Teamarbeit als durchaus hilfreich. Dabei teilen wir das Team zunächst in eine Gruppe aus Rat suchenden und eine aus reflektierenden Mitgliedern auf, die in der Regel ungefähr gleich groß sind (z. B. jeweils vier Personen pro Gruppe, also insgesamt acht). Außerdem benötigen wir noch jemanden, der oder die als beratende Person in dieser Konstellation fungiert.

Diese (in unserem Beispiel) neun Personen befinden sich zusammen in einem Raum.

Phase 1

Zunächst tauschen sich die Ratsuchenden und der oder die Beratende aus. Die Reflektierenden schauen und hören ihnen dabei zu. Sie intervenieren nicht, machen sich Notizen und – wie der Name schon vermuten lässt – reflektieren über die Aussagen und Ergebnisse des vor ihnen stattfindenden Diskurses. Dieser Schritt lässt sich dabei als erste Ebene im Gesamtprozess ansehen und nimmt knapp eine halbe bis maximal eine Dreiviertelstunde in Anspruch.

Phase 2

Auf Phase eins folgt logischerweise dann Phase zwei, in der sich auch nun die Beobachtenden zum Gesagten äußern dürfen. Dabei kommt es jedoch nicht zu einem Dialog – es werden nur Dinge beschrieben, Gedanken formuliert und potentielle Denkanstöße in den Raum gestellt, welche vom Beratenden und den Beobachtenden frei aufgegriffen werden können, denn nun kehren wir zunächst einmal wieder in die erste Phase zurück, jedoch aber mit mehreren Informationen und möglichen Diskussionspunkten. Es sollte jedoch beachtet werden, dass es sich bei den Aussagen des reflektierenden Teils der Gruppe nicht um Ultimaten, sondern um Möglichkeiten handeln soll. Das können Sie durch die Verwendung von Formulierungen, wie beispielsweise *„meiner Meinung nach ...“, „vielleicht ...“, „eventuell ...“* oder *„möglicherweise ...“* (usw.), garantieren, wodurch signalisiert wird, dass die Formulierungen weder bindend noch essentiell für das weitere Vorgehen sind – sie stellen immer noch lediglich nur Ideen dar.

Phase 3 (= Wiederolung Phase 1)

In der Wiederholung der ersten Phase beschäftigen sich die beratende Person und die Ratsuchenden nun mit den Aussagen der Reflektierenden. Dies ist ein wichtiger Schritt, denn durch die neu gewonnenen Informationen durch die Beobachtenden ist es möglich, Themen aufzugreifen, die eventuell noch gar nicht thematisiert worden sind. Auch ist es nicht selten, wieder in Phase zwei zurückzukehren, um über das Zwischenergebnis erneut zu reflektieren. Das darf sogar öfters (in der Regel zwei- bis dreimal) während der gesamten Sitzung passieren – je mehr reflexive Gedanken geäußert werden, desto besser (aber nicht so, dass man den Überblick verliert).

Rituale

Rituale – hat das nicht eher was mit Magie und Spiritualität zu tun? Vielen von uns mag dieser Begriff aus solchen Sphären bekannt sein, doch tatsächlich ist es auch möglich, ritualistische Handlungen für die Mobilisierung von Ressourcen zu verwenden. Natürlich handelt es sich hier dann nicht um ein spannendes, okkultes Geschehen, sondern eher um das Entwickeln einer Methode, welche uns dazu anregt, unsere vorhandenen Fähigkeiten an die Oberfläche zu bringen, sodass eine Nutzung dieser garantiert werden kann. Im Allgemeinen verstehen wir unter dem Begriff *Ritual* die wiederholte Durchführung von Handlungen, die festgelegten Ordnungen und Strukturen unterliegen. Das ursprünglich religiöse Ziel des Rituals ersetzen wir jetzt durch eines, das darauf abzielt, unsere Ressourcen zu mobilisieren, sodass wir jene folglich auch anwenden können. Der Wiederholungsaspekt des Rituals soll dabei zur Festigung der Fähigkeiten, die auf den Ressourcen basieren, dienen – ganz nach dem Motto: *„Übung macht den Meister."* Rituale können sowohl in Gruppen als auch alleine, sowohl mit als auch ohne leitende Person durchgeführt werden. Wichtig ist nur, dass sie einer klaren Abfolge unterliegen und stets zielgerichtet sind. In der systemischen Beratung sollen Rituale ebenfalls dabei helfen, empfundene Instabilität zu managen und stabile Situationsdefinitionen zu ermöglichen. Für Mitglieder eines Systems bieten Rituale jedoch ein Gefühl von Zusammenhalt, sie schaffen Stabilität und Struktur. Sie beinhalten festgelegte Ablaufmuster und basieren auf verlässlichen, regelmäßigen Wiederholungen– denken Sie auch ganz einfach gedacht an bestimmte Alltags- und Essensrituale innerhalb Ihres Familien- oder Freundeskreises, Rituale des Feierns oder auch Jahreslaufrituale innerhalb der Jahreszeiten.

Wir halten fest, dass Rituale eine Art Stabilisator sind, der Balance in den Arbeitsalltag bringen kann. Dadurch wird ein Umfeld geschaffen, in dem sich Ressourcen frei entfalten können. Auch kommt es durch den Wiederholungsfaktor zu Lerneffekten und zur Festigung von Strukturen, was sich auf lange Sicht äußerst positiv auf die Dynamiken innerhalb des Arbeitsplatzes auswirkt (z. B.: wenn alle nach und nach achtsamer und ruhiger werden, kann es zu weniger Konflikten und Stresssituationen kommen).

Persönliche Konflikte auf Beziehungsebene lösen

Persönliche Konflikte sind unangenehm. Keiner streitet sich gerne mit anderen Personen – weder mit den Leuten unseres Freundeskreises noch mit der Familie, aber natürlich auch nicht mit unseren Mitarbeitern. Auch ist es nicht immer leicht, Konflikte schnell und einfach zu lösen. Oftmals benötigen wir dazu einen gewissen Zeitraum, in dem wir uns erst einmal beruhigen müssen, bevor wir nicht selten dann auch anfangen, ziellos und wild zu diskutieren. Die Beziehungen verschlechtern sich, Konflikte spitzen sich zu und letztlich treten wir auf der Stelle. Ohne das Anwenden von gewissen Techniken stellt der Lösungsprozess zwischen zwei oder mehreren Personen eine manchmal unüberwindbar scheinende Aufgabe dar, weshalb es unabdingbar ist, sich Techniken zur Vermittlung in und Klärung von Konfliktsituationen anzueignen.

DYNAMIKEN SYSTEMISCH VERSTEHEN

Bevor wir uns an das Erlernen der spezifischen Techniken machen, ist es von höchster Wichtigkeit, sich ein tiefgreifendes Verständnis über Gruppen- und Konfliktdynamiken anzueignen. Wir müssen also nachvollziehen können, wer hier nun mit wem und auf welche Art und Weise in einer Auseinandersetzung miteinander agiert. Warum verhält sich jemand gegenüber seinen Kollegen so, wie er oder sie es gerade tut? Warum verstehen sich die Mitglieder der Gruppe nicht? Die Anzahl an möglichen Fragen, die wir uns diesbezüglich stellen können, scheint fast unendlich zu sein. Eines haben sie jedoch alle gemeinsam – jede dieser Fragen kann in der Regel durch die Analyse der vorherrschenden Dynamiken zumindest teilweise oder sehr oft sogar vollständig geklärt werden. Schauen wir uns diese Dynamiken im Folgenden einmal genauer an.

Gruppendynamiken

Dynamiken in Gruppen können manchmal komplex und umfangreich sein. Schnell verlieren wir den Überblick und wissen demnach nicht, wo wir ansetzen sollen, wenn wir sie verstehen möchten. Aus diesem Grunde möchten wir uns nun mit potenziellen, häufig bestehenden Dynamiken innerhalb von Gruppen beschäftigen. Zunächst müssen wir den Begriff jedoch erst einmal definieren.

Unter Gruppendynamiken verstehen wir die sich ändernden bzw. wechselnden Prozesse, Einflüsse und Interaktionen innerhalb eines Teams oder einer Gruppe.

Schnell können Dynamiken unerwartet eine andere Richtung einschlagen und unterliegen somit durchgehend mal schwächeren und mal stärkeren Schwankungen, die sich dann auch dementsprechend positiv oder negativ innerhalb der Gruppe manifestieren können. Doch wie sehen diese nun aus? Zunächst möchten wir uns mit dem Begriff der **Rollenfaktoren** beschäftigen. Dieser bestimmt, wer nun welche Rolle am besten übernehmen sollte. Man unterscheidet dabei zwischen *psychologischen*, *gruppendynamischen* sowie *funktionalen* Rollenfaktoren. Klären wir diese Begriffe:

Psychologische Rollen: Hiermit werden Rollen beschrieben, welche mit psychologischen Faktoren verbunden sind. Das kann unter anderem das Durchhaltevermögen oder die Selbstsicherheit sein. Wenn jemand beispielsweise gute Führungsfähigkeiten besitzt, sollte diese Person auch im besten Fall eine führende Rolle einnehmen.

Gruppendynamische Rollen: Diese Rollen sind eng mit den Zielen und Ansichten innerhalb des Teams verbunden. Vor allem möchte man dabei überprüfen, ob jemand die nötige Ausdauer und Motivation besitzt, um eine gewisse Rolle zu erfüllen. Beispielsweise wäre es also kontraproduktiv, jemanden, der keine Lust hat, in eine Rolle, die er nicht mag, reinzustecken. Diese sollte jemand anderem überlassen werden.

Funktionale Rollen: Funktionale Rollen ziehen das individuelle Können der Mitglieder in Betracht, sodass die Aufgaben möglichst mit Sinn verteilt werden können. Kurz gesagt könnte das beispielsweise bedeuten, dass jemand, der besonders gut mit Designprogrammen umgehen kann, auch innerhalb einer Gruppe die Rolle des Designers einnehmen sollte.

Wenn wir nun etwas weiter ranzoomen, können wir erkennen, dass es neben den Faktoren an sich auch spezifische Rollentypen gibt, welche jeweils unterschiedliche Funktionen, Aufgaben und Verantwortungslevels besitzen.

Man unterscheidet in der Regel zwischen

- den **Führungskräften,**
- den **Organisierenden,**
- den **Vermittelnden** bzw. **Schlichtenden,**
- den **Unterstützenden,**
- den **Mitlaufenden** sowie
- den besonders **hart Arbeitenden.**

Sie alle hängen stark von den Rollenfaktoren ab. Jemandem, der schnell zu Aggressionen neigt, sollte beispielsweise nicht die Rolle des Schlichtenden zugewiesen werden. Jemand, der nicht motiviert ist, kann auch nicht als hart Arbeitender fungieren. Und jemand, der ständig Dinge verlegt, sollte demnach auch lieber eine andere Rolle anstelle der Organisierenden besetzen. Auch hier gilt wieder: Wenn eine Rolle falsch zugeordnet wird, kann es zu Konflikten kommen, die eigentlich hätten vermieden werden können – achten Sie also stets darauf.

Wenn wir also nun unsere Gruppe zusammengestellt haben, ist es wichtig, sich über die Prozesse und Phasen, die mit der Arbeit im Team verbunden sind, zu informieren. Auch hier haben wir es mit einer Vielzahl an Begriffen zu tun, welche wir zunächst wieder einmal definieren möchten. Wir unterscheiden dabei zwischen fünf Phasen.

Phase 1 – Forming: Die Gruppe wird gebildet und Rollen werden zugeteilt.

Phase 2 – Storming: Auseinandersetzungen und Konflikte entstehen langsam, die Stimmung könnte vielleicht kippen.

Phase 3 – Norming: Zusammenarbeit entsteht allmählich, Werte und Normen werden herausgearbeitet und definiert.

Phase 4 – Performing: Es wird effektiv zusammen am Projekt gearbeitet. Erste Ergebnisse entstehen und werden ausgebaut.

Phase 5 – Adjourning: Die Ergebnisse werden (zwischen-) evaluiert. Je nach Person kann auch die Rolle gewechselt werden, beispielsweise dann, wenn die alte Rolle keine Verwendung mehr findet oder wenn sich herausstellt, dass die Person auch andere nützliche Fähigkeiten für andere Positionen besitzt.

Man kann erkennen, dass Konflikte und Änderungen in Gruppen teilweise auch etwas ganz Normales sein können. Wenn wir also über Konfliktvermeidung reden, geht es in der Regel um die Konflikte, die man durch logisches und sinnvolles Handeln (z. B. richtige Rollenverteilung am Anfang) hätte vermeiden können. Wenn sich später herausstellt, dass jemand vielleicht doch nicht so ganz für die Rolle geeignet ist (z. B. durch persönliche Lebensumstände, die sich geändert haben), kann natürlich die Rolle auch angepasst werden, ohne dass dies große Schwierigkeiten bereiten sollte.

Dynamiken in Gruppen können sich sowohl positiv als auch negativ auf die Mitglieder Teams auswirken, das ist logisch. Nicht immer harmonisieren alle Mitglieder miteinander, aber manchmal kann es auch zu unerwarteten guten Wendungen innerhalb des Teams kommen. Am besten schauen wir dazu ein paar Beispiele an, die uns verdeutlichen, wie solche Dynamiken aussehen könnten.

Fangen wir mit der positiven Seite an. Stellen Sie sich vor, dass Sie als Abteilungsleiterin für die Zusammenstellung eines Teams zuständig sind. Bei der Rollenverteilung haben Sie einen guten Job gemacht. Die Teamarbeit läuft rund und jedes Mitglied hat die Möglichkeit, sein Potential zu entfalten. Dabei sticht vor allem der Organisator heraus. In der Gruppe befinden sich nämlich ein paar Personen, die für ihre chaotische Art bekannt sind – sie verlegen ständig Sachen und vergessen Deadlines. Ihr Organisator hat jedoch nun ein digitales System eingerichtet, welches automatisch Erinnerungen per Mail versendet. Die anderen Mitglieder sind ihm sehr dankbar – Situationen, die vorher zu Konflikten geführt hätten, können vermieden werden. Das Arbeitsklima wird positiver, die Aufgaben werden rechtzeitig erledigt und allen macht die Arbeit wieder mehr Spaß!

Natürlich kann das auch anders aussehen. Die Person, die Sie in die Rolle des Gruppenführers gesteckt haben, scheint sehr unmotiviert zu sein. Anstatt Aufgaben zu verteilen und die Arbeit zu überprüfen, sitzt die Führungsperson an ihrem Schreibtisch und erledigt nur die Dinge, die ihr selbst Spaß machen. Natürlich bringt uns das nicht weiter! Auch die restlichen Mitarbeiter bekommen dies natürlich mit – es existieren keine organisierten Gruppenstrukturen und niemand weiß, was genau gemacht werden soll. Die Stimmung sinkt enorm. Ihre Mitarbeiter sind sauer auf die Führungskraft, fangen langsam an, auch sich gegenseitig nicht mehr zu respektieren, oder verweigern gar, weiter an den Aufgaben zu arbeiten – ein Paradebeispiel für eine negative Dynamik.

Konfliktdynamiken

Wir können Dynamiken innerhalb von Gruppen noch auf eine tiefere Ebene herunterbrechen, nämlich auf die der Konflikte.

Unter dem Begriff der Konfliktdynamiken verstehen wir die wechselseitige, meist streiterische Auseinandersetzung zwischen zwei oder mehr Parteien, welche durch Missverständnisse und Unvereinbarkeiten zustande kommen kann.

Auch diese sind wieder von verschiedensten Einflüssen abhängig und können sich ständig verändern. Mögliche Gründe, die zur Entstehung von solchen Missverständnissen führen, sind fast endlos – von persönlichen Vorlieben bis zu zwischenmenschlicher Abneigung oder mangelnder Produktivität ist alles dabei. Um die Funktionsweise, die hinter solchen Dynamiken steckt, zu verstehen, müssen wir uns als Erstes mit den Phasen eines Konfliktes und dessen Verlauf beschäftigen. Jene wären:

Phase 1 – Die Anbahnung: Der Konflikt bahnt sich langsam an. Es gibt meist einen Grund, der das Ganze lostritt und sich z. B. auf die Stimmung negativ auswirkt. Dadurch können sich solche Situationen ins Negative entwickeln. Nicht alle Beteiligten nehmen den Konflikt wahr.

Phase 2 – Die Rationalisierung: Nun hat jeder der Beteiligten vom Konflikt erfahren. Alle Parteien sind nun in den Konflikt verwickelt und nehmen wahr, was geschieht. Während dieser Phase versucht man, eine noch rationale und diplomatische Lösung zu finden.

Phase 3 – Die Emotionalisierung: Die Emotionalisierungsphase hebt den Konflikt auf ein neues Level. Die Rationalität fällt weg, es kommen Emotionen dazu. Dabei wird es schnell auch einmal unsachlich. Logische Argumente und Vorschläge fallen weg und der Weg Richtung Auflösung wird versperrt.

Phase 4 – Der offene Kampf: Der Name dieser Phase spricht für sich selbst – der Konflikt eskaliert. Keiner möchte mehr ordentlich miteinander reden. Stattdessen schweigt man sich an oder wirft sich unsachliche, persönliche Beleidigungen zu, welche die Lösung des Konfliktes unmöglich erscheinen lassen.

Ein Konflikt muss natürlich nicht immer eskalieren. Ein *Worst-Case*-Szenario kann auch durchaus verhindert werden, indem rechtzeitig eingegriffen wird – damit werden wir uns dann auch endlich im nächsten Abschnitt des Kapitels beschäftigen.

Zirkuläres Fragen

Wir alle fragen uns wahrscheinlich nun, was wir tun können, um Konflikte zu vermeiden oder zu entschärfen. Diese Aufgabe, die manchmal so unmöglich erscheinen kann, ist oftmals gar nicht so überwältigend, wie man meinen würde! Wir können sogar auf Methoden zurückgreifen, die wir bereits ansatzweise kennen, wie beispielsweise die der zirkulären Fragen.

Vor allem in Konfliktsituationen, in denen es manchmal schwierig ist, seine Schuld zu gestehen oder die Perspektive zu wechseln, kann dies hilfreich sein. Zirkuläres Fragen umfasst die Meinungen aller Beteiligten nach den Gedanken und Gefühlen anderer Mitglieder des Systems.

Das zirkuläre Fragen bewirkt, dass sich der Befragte in eine andere Person hineinversetzt und so einen anderen Blickwinkel auf bestimmte Situationen bekommt. Aber auch Sie als beratende Person profitieren von den Vorteilen dieser Methode, indem Sie neue Informationen über die Sachlage erlangen.

Beispielfragen im Rahmen der Methode des zirkulären Fragens wären:

- Was sagt die Mutter dazu, wenn sich die zwei Kinder ständig streiten?
- Wie fühlt sich die kleine Schwester, wenn der Vater den großen Bruder anschreit?
- Wie fühlt sich die Tochter, wenn sie die Mutter weinen sieht?
- Was sagt der Vorgesetzte dazu, wie zwei Kunden über sein Unternehmen sprechen?

Innerhalb der Methode kann jedoch zwischen verschiedenen Arten von zirkulären Fragen, je nach Kontext der Konversation, unterschieden werden. Die Klassifizierungen unterscheiden sich in Form, Zielsetzungen oder auch nach Inhalt. Im Folgenden möchte ich Ihnen die Kategorisierung nach Arist von Schlippe und Jochen Schweitzer, ergänzt durch Fritz B. Simon, vorstellen:

1. Systemisch zirkuläre Fragen

Zirkuläre Fragen umfassen Abfragen des Zirkels der sich wechselseitig bedingenden Ereignisse, zum Beispiel:

„Was würde geschehen, wenn Sie in der Kommunikation weiter so vorgehen, wie Sie es jetzt tun?"

2. Triadisch zirkuläre Fragen

Triadische Fragen fragen nach Vermutungen von internen Gedanken eines Dritten über die Kommunikation zweier anderer und bringen diese so in den Dialog.

„Was sagt Ihre Mutter dazu, wie Ihre zwei Geschwister miteinander umgehen?"

3. Perspektivische Fragen

Bei dieser Technik werden Einschätzungen von unterschiedlichen Personen zu verschiedenen Zeitpunkten je nach Situation und Kontext abgefragt, um so neue Perspektiven zu erreichen und Sichtweisen zu erweitern. Zum Beispiel:

„Wie wurde die Situation gehandhabt, als das Problem noch nicht bestand/nicht so ein gravierendes Ausmaß hatte?"

„Wie sehen die anderen Abteilungen, Lieferanten, Kunden, Mitarbeiter das Problem?"

„Wie wird die Situation um das Problem in einem Jahr gesehen?"

Ressourcenlandkarte

Die Vielfältigkeit, die der richtige Einsatz von Ressourcen mit sich bringt, wird nicht selten unterschätzt oder auch oftmals wenig beachtet. Einige Menschen sind sich auch gar nicht über ihre eigenen Ressourcen, also Fähigkeiten und Stärken, bewusst – dabei könnte man diese sehr gut und effizient in Streitsituationen einsetzen. Das ist sogar gar nicht mal so kompliziert. Helfen kann uns dabei die Methode der Ressourcenlandkarte.

Unter einer Ressourcenlandkarte können wir uns eine Art mentale Karte vorstellen, auf welcher wir alle Ressourcen, die wir besitzen, visualisieren können – eine Art Überblick sozusagen.

Somit kann jemand, der zum Beispiel zunächst davon ausgeht, dass er oder sie wenig Streitschlichtungsvermögen besitzt, erkennen (indem bewusst während der Kartenerstellung darüber reflektiert wird), dass er/sie eventuell doch in der Lage ist, in Konflikten zu vermitteln. Die Person wird sich ihren Ressourcen mithilfe der Landkarte immer mehr bewusst.

Doch wie setzen wir die Ressourcenlandkarte jetzt ein? Ein Beispiel hilft uns hierbei weiter.

Stellen Sie sich vor, dass einer Ihrer Kollegen, nämlich Herr Heinz, aus dem vorherigen Beispiel nun einen weiteren Konflikt mitbekommt. Er weiß, dass es sich hierbei eigentlich um zwei Menschen handelt, die sich sonst meist sehr sachlich und respektvoll gegenüber anderen Personen verhalten – doch nun ist es leider etwas zu weit gegangen. Was ist mit den positiven Attributen geschehen, die er den beiden zuschreiben würde? Er sucht das Gespräch mit ihnen, um die Situation besser zu verstehen. Die beiden Kollegen bezeichnen wir im folgenden Beispiel als Frau Müller und Herrn Seiler.

Herr Heinz: Hallo, was ist denn bei euch beiden los? Stimmt was nicht?

Frau Müller: Das kannst du aber laut sagen. Wir werden uns seit Tagen schon nicht einig und langsam wird's einfach nur noch nervig ...

Herr Seiler: Ja, in der Tat. Ich hätte nicht gedacht, dass es so schwer sein kann, einen Kompromiss zu finden!

Frau Müller: Na ja, wenn du meinst, dass ausgerechnet dein Werbetext der bessere ist, kann ich da leider auch nicht mehr weiterhelfen ...

Herr Heinz: Stoppen wir mal für einen kurzen Moment. Ich habe euch beide bisher als sehr gute Texter wahrgenommen.

Frau Müller: Echt? Würdest du das so behaupten?

Herr Heinz: Ja, tatsächlich schon. Mir gefällt deine Arbeit sehr. Ich finde, dass das eine deiner größten Stärken ist, die du mehr einsetzen solltest.

Frau Müller: Wow, davon bin ich ja jetzt gar nicht ausgegangen – schließlich arbeite ich ja erst seit kurzem in dem Beruf. Aber danke!

Herr Heinz: Doch, du kannst das echt gut. Und du (Herr Seiler) – ich finde, dass du eigentlich doch bisher immer gut mit anderen kooperiert hast. Du besitzt diese Fähigkeit. Warum wendest du sie auch jetzt nicht an und verhältst dich wie ein guter Teamplayer?

Herr Seiler: Teamplayer? Würdest du das wirklich so behaupten? Na ja, was mein Verhalten angeht – ich habe noch nie mit Leuten gearbeitet, die weniger Erfahrung als ich hatten. Da muss man schon mal kritisch sein.

Herr Heinz: Tatsächlich würde ich das. Das habe ich ja schon öfters mal mitbekommen. Warum setzt du dieses Talent nicht öfters ein? Und was deine Ansicht bezüglich der Erfahrung von Frau Müller angeht: Obwohl sie neu ist, ist sie trotzdem genauso fähig. Bitte respektiere das.

Herr Seiler: Ich habe das bis jetzt gar nicht begriffen.

Herr Heinz: Bitte sei dir echt darüber bewusst. Das ist eine enorm wichtige Ressource, die du unbedingt mehr beachten solltest. Genau wie das Schreibtalent deiner Kollegin. Denkt auch mal selbst mehr über eure persönlichen, fähigkeitsbezogenen Ressourcen nach, das würde euch in solchen Situationen enorm weiterhelfen.

Herr Seiler und Frau Müller gehen mit dieser Aufforderung im Gepäck nach Hause. Im Idealfall reflektieren nun beide über die Ressourcen, die sie besitzen, und markieren diese als *Orte* in ihrer Ressourcenlandkarte – denn die Fähigkeiten der beiden beschränken sich natürlich nicht auf die, die gerade von ihrem Kollegen aufgezählt worden sind. Wir könnten das Beispiel ewig weiterführen.

Die unterschiedlichsten Ressourcen lassen sich also in den unterschiedlichsten Konfliktsituationen einsetzen – wir müssen nur lernen, diese auf unserer inneren Ressourcenlandkarte zu lokalisieren und in die Tat umzusetzen. Die reflexive Arbeit, die damit verbunden ist, kann natürlich auch von allein angestoßen werden. Dafür werden aber viel Selbstkenntnisse und ein großes Einsichtsvermögen vorausgesetzt, weshalb es sich als hilfreich erweisen kann, Ihre Kolleginnen und Kollegen durch Denkanstöße und systemisch geleitete Konversationen zum Nachdenken anzuregen. Schauen wir uns mithilfe der unten aufgeführten Grafik noch einmal genauer an, wie eine solche Ressourcenkarte denn nun funktioniert.

Kleiner Tipp:
Erproben Sie doch direkt einmal die Erstellung einer Ressourcenkarte, indem Sie Ihre eigene anfertigen! Auch können Sie versuchen, eine Ressourcenkarte für jemand anderen herzustellen – denn manchmal realisieren manche Menschen leider nicht, welch großes Potential und wertvolle Ressourcen sie besitzen.

Die Kategorie der persönlichen Ressourcen befasst sich mit Ihrem Können, Ihren Fähigkeiten sowie Ihren Stärken und Talenten, die Sie gut ins Arbeitsleben einbringen können (z. B. Rechenfähigkeiten, Kreativität etc.), während die sozialen Ressourcen Ihre Beziehungs- sowie Sozialfähigkeiten behandeln (z. B. Teamplayer oder eher Einzelgänger, Anführer oder eher Untergeordneter, Einfühlungsvermögen etc.). Materielle Ressourcen sind dagegen zum Beispiel Besitztümer (z. B. Computerprogramme oder Maschinen), die eine wichtige Rolle spielen und dementsprechend eingesetzt werden könnten. Infrastrukturelle oder institutionelle Ressourcen zielen z. B. auf bestehende Verbindungen zwischen Unternehmen, Kontakte zu Organisationen oder aber auch beispielsweise Kunden und Lieferanten ab – wir besitzen diese also nicht direkt, dennoch sind sie äußerst wichtig!

Ressourcen

persönlich (Kompetenzen)

sozial (Beziehungen)

Ressourcenkarte von

materiell (Besitz)

infrastrukturell/institutionell

Wer hat welchen Platz?

In unseren heutigen, modernen Zeiten ist es manchmal schwierig, zu bestimmen, wer denn jetzt wo in der Hierarchie eines Teams, Unternehmens oder einer Abteilung steht – schließlich verschwimmen die Grenzen zwischen den verschiedenen Abstufungen manchmal fließend. Manchmal kann man diese besagten Grenzen teilweise auch *gar nicht* mehr erkennen. Auf eine Art kann dies durchaus positiv sein. Flache Strukturen können die Kooperation zwischen den Mitarbeitern fördern, da Begegnungen mit z. B. Vorgesetzten nun auch auf Augenhöhe – anstatt von oben herab – ablaufen können. Doch wenn der Respekt für diejenigen, die sich nun einmal in höheren Positionen befinden, verschwindet, kann die einst so harmonische, lockere Stimmung auch schnell eine andere Richtung einschlagen. Andersherum kann dies natürlich auch ablaufen – beispielsweise sind auch Führungskräfte, obwohl dies nicht mehr der Regelfall ist, in der Lage, Ihre Mitarbeiter schlecht und respektlos zu behandeln. Wir müssen uns also bewusst sein, wo wir stehen, wo unser Platz ist, sodass eine erfolgreiche Zusammenarbeit vonstattengehen kann – und das ohne Respektlosigkeiten und Schikanen. Dabei ist es ganz egal, von wem sie stammen. Um die Konstellationen von Positionen innerhalb eines Systems darzustellen und diese folglich für das Lösen von Problemen zu verwenden, stehen uns einige Taktiken zu Verfügung. Diese schauen wir uns jetzt zusammen an.

Soziogramme und Genogramme

Den Begriff des Soziogramms (und auch eine Anleitung, wie man ein solches erstellt) kennen Sie bereits. Wiederholen wir jedoch kurz die Definition des Wortes, bevor wir uns mit dem Genogramm beschäftigen.

Das Soziogramm ist eine Methode zur graphischen Darstellung von Beziehungskonstellationen innerhalb einer Gruppe von Personen. Wir erfahren dadurch, wer sich mit wem wie versteht oder wer irgendwie miteinander agiert.

Soziogramme unterliegen ständigen Einflüssen, welche die Beziehungen zwischen den Beteiligten schnell und drastisch verändern können. Auch die Position eines Mitarbeiters hat Einfluss darauf. Wie dies aussehen kann, werden wir gleich an einem Beispiel nochmals verdeutlichen. Kommen wir jedoch erst einmal auf den Begriff des Genogramms zurück, welcher uns bisher noch nicht bekannt ist.

Beim Genogramm handelt es sich um eine Methode, die ihre Ursprünge in der systemischen Familientherapie hat. Ihnen ist bekannt, dass einige Taktiken und Methoden, die wir bereits angesprochen haben, aus dieser Sparte stammen, aber auch gut in der Arbeitswelt angewendet werden können. Beim Genogramm sieht dies nicht anders aus. Doch was verstehen wir jetzt genau darunter? Das Genogramm funktioniert ganz ähnlich wie das Soziogramm. Hiermit können wir herausfinden, wie Personen sich in *früheren* Zeiten innerhalb einer Gruppenkonstellation verhalten haben – das Genogramm stellt also nicht nur die aktuelle Situation dar.

Dies ist wichtig, denn nicht nur der jetzige, punktuelle Zeitpunkt kann uns Aufschluss über solche Beziehungen geben.

Vielleicht war – sprichwörtlich gesagt – früher ja echt alles besser?

- **Vielleicht haben sich Personen, die sich einst gut mit den anderen verstanden haben, nun ins Negative gewandelt?**
- **Vielleicht hat sich deren Platz oder Position im Team so stark verändert, sodass es zu problematischen Folgen, wie zum Beispiel Respektlosigkeit gegenüber Untergeordneten, gekommen ist?**

All dies können wir mithilfe des Genogramms herausfinden. Auch dies wollen wir, wie beim Soziogramm, gleich an einem beispielhaften Szenario demonstrieren. Und ist es möglich, diese beiden Methoden zu kombinieren?

Um dies in die Tat umzusetzen, ist es wichtig, zunächst mit dem Erstellen des Soziogramms zu beginnen. Wir erinnern uns: Alle Namen der Mitglieder werden auf ein Blatt Papier geschrieben, die Beziehungen werden (u. a. durch Beobachten der Befragten) erfasst und zu guter Letzt durch spezifische Symbole oder Beschriftungen kenntlich gemacht. Sie wissen nun, wer sich mit wem in diesem Moment gut oder weniger gut (vielleicht sogar auch neutral) versteht, wer mit wem am besten zusammenarbeiten kann und welche Kombinationen es lieber zu vermeiden gibt. Die Momentaufnahme haben Sie also eingefangen. Analysieren Sie das Soziogramm und notieren Sie sich, wo entweder gerade schon Konflikte bestehen und bei welchen Beziehungen ein höheres Konfliktrisiko vorhanden sein könnte *(Beispiel: Blitzsymbol, welches für eine angespannte Beziehung steht).*

Aber sah das schon immer so aus? War die Situation auch vorher so angespannt? Verschaffen wir uns dazu einen Überblick über die Beziehungen eines ausgewählten vorherigen Zeitraums. Das kann zum Beispiel das Zeitfenster des letzten Projektes, der Zustand der Abteilung genau vor z. B. einem Jahr, aber auch jeder beliebig gewählte, in der Vergangenheit liegende Zeitpunkt sein. Achten Sie jedoch darauf, dass nicht zu viel oder zu wenig Zeit zwischen den Zeitpunkten vergangen ist, um ein möglichst akkurates

Ergebnis zu generieren. Nach der Festlegung des Zeitraums widmen wir uns nun der Genogrammerstellung.
Zunächst sollten Sie sich auch hier wieder ein Blatt Papier sowie einen Stift besorgen.

Ein kleiner Tipp:
Mittlerweile existieren zahlreiche Softwares, die die Erstellung erleichtern – informieren Sie sich, falls ein Interesse besteht, gerne per Internetrecherche darüber. Wenn dies nicht in Ihrem Interesse steht, reichen natürlich auch die aufgeführten Mittel komplett aus.

Zunächst notieren Sie sich nun wieder einmal alle Namen der beteiligten Personen. Beim Genogramm können dies auch ehemalige Mitarbeiter sein – schließlich hatten diese ebenfalls Beziehungen zu den Personen, die sowohl damals als auch heute im Unternehmen tätig waren. Somit können Muster und Verhaltensweisen identifiziert werden, die sich z. B. ständig wiederholen, schon in der Vergangenheit zu Problemen geführt haben und eventuell der Auslöser für Konflikte sein könnten. Sie tun also dasselbe wie beim Soziogramm, nur auf frühere Situationen bezogen. Gar nicht mal so schwierig, oder?

Schauen wir uns das Ganze an einem Beispiel an.

Sie (als Abteilungsleiter) und Ihre Kollegen wurden mit der Erstellung einer Werbekampagne beauftragt. Der Kunde ist ein wichtiges Unternehmen, was bedeutet, dass auch der Druck diesmal enorm hoch ist – und ein enorm hoher Druck führt auch nicht selten zu Konflikten. Auch Sie werden leider nicht davon verschont. Ganz im Gegenteil – die Stimmung brodelt sprichwörtlich. Der eine Kollege findet den Entwurf des anderen komplett nutzlos, der andere findet aber den Text seiner Kollegin nicht zufriedenstellend und die Kollegin ist der Meinung, dass niemand so richtig weiß, was er oder sie hier überhaupt macht. Vorwürfe über Vorwürfe. Unsachliche, subjektive Aussagen dominieren die Konversationen, es fallen Beleidigungen. Das, denken Sie sich, kann nicht so weiter gehen. Sie können sich nicht daran erinnern, dass das auch beim letzten Projekt so war. Das lief doch alles viel ordentlicher und respektvoller ab, oder etwa nicht? Sie beschließen, die Sache zu erforschen. Dazu evaluieren Sie zunächst die aktuelle Situation.

Die Namen Ihrer fünf Mitarbeiter notieren Sie sich auf einem Blatt, verbinden diese dann alle durch Striche und ordnen den Verbindungen bestimmte Symboliken zu. Es sieht leider gar nicht gut aus. Das Soziogramm ist mit Blitzen (Angespanntheit) und traurig reinblickenden Smileys (schlechte Beziehung/

Konflikte) bestückt. Die Situation ist, wie vermutet, ernst. Vergleichen wollen Sie dies nun mit dem letzten Projekt. Wie war das gleich nochmal? Sie nehmen Sich ein neues Blatt Papier und führen dasselbe Prozedere bezogen auf die alte Situation durch. Und siehe da – es gab zwar ein wenig Anspannung zwischen zwei bestimmten Kollegen, doch der Rest der Verknüpfungen ist mit lachenden Smileys (gute Beziehungen) und Batteriesymbolen (besonders effizient zusammen) verziert. Kurzgesagt liegt hier das genaue Gegenteil vor – und eine Sache sticht Ihnen dabei besonders ins Auge. Ein Kollege, welcher in letzter Zeit für sehr viel Stress gesorgt hat, hatte sich damals noch in einer anderen Position befunden. Diese war etwas weiter unten in der Rangordnung des Teams. Er hatte sich jedoch respektvoll verhalten und auch erfolgreich mit den anderen kollaboriert.

Sein jetziges Auftreten ist damit nicht mehr zu vergleichen. Sie beobachten die aktuelle Situation also noch einmal und können feststellen, dass er sich mittlerweile etwas distanzierter, gleichzeitig aber auch herablassender gegenüber seinen Kollegen – schließlich ist er ja jetzt Teamleiter – verhält. Er diktiert Aufgaben, ohne sie auf die Fähigkeiten der Mitarbeiter abzustimmen, und betrachtet alles aus einer überkritischen Position heraus, die es nicht erlaubt, Dinge einfach mal auszuprobieren oder über diese zu diskutieren. Die Kollegen sind verärgert. Nichts scheint hier mehr auf Augenhöhe abzulaufen und Möglichkeiten zum selbstständigen Arbeiten sind ebenfalls nicht mehr auffindbar. Sie bestellen den Kollegen also zum Gespräch ein, um ihm die Auswirkungen seiner Verhaltensänderung vor Augen zu führen. Ruhig schildern Sie dem Kollegen Ihre Beobachtungen.

Sie: Hallo, ich müsste mal mit dir reden. Mir ist aufgefallen, dass sich dein Verhalten seit dem letzten Projekt leider negativ verändert hat. Du kommst als sehr bestimmend rüber und lässt deinen Kollegen keinen Freiraum mehr. Außerdem ordnest du ihnen leider auch unpassende Aufgaben zu – und das macht sie natürlich nicht gerade glücklich.

Kollege: Wirklich? Tue ich das? Ich dachte, dass das als Teamleiter meine Aufgabe ist.

Sie: Auf eine Art hast du da recht, aber du legst das leider etwas falsch aus. Du sollst natürlich für den Überblick sorgen, jedoch keine Kommandos erteilen. Schau mal, beim letzten Projekt hat das auch super geklappt. Du warst zwar nicht als Teamleiter tätig, jedoch hast du sehr gut mit den anderen zusammengearbeitet. Und der damalige Teamleiter – hat der damals auch so gehandelt?

Kollege: Nicht, dass ich mich erinnern kann ...

Sie: Genau, ihr standet alle auf Augenhöhe. Nun schau mal: Das alte Projekt, bei dem der Kunde genauso wichtig und bekannt war wie der jetzige, ist viel stressfreier abgelaufen – und es wurde ein großer Erfolg! All das ohne ein solch hartes Verhalten.

Kollege: Da hast du glaub ich echt recht. Sind die Kollegen wirklich so unzufrieden mit mir?

Sie: Leider ja. Ich hab euch noch einmal beobachtet und musste feststellen, dass viele der Streitimpulse leider durch deine Handlungen entstanden sind. Bitte ändere das, du kannst das doch eigentlich. Schau mal, hier siehst du noch einmal den Vergleich.

Sie zeigen dem Kollegen sowohl das Sozio- als auch das Genogramm. Er zeigt immer mehr Verständnis für die Kritik und beschließt, das Verhalten ändern zu wollen und sich vom alten Teamleiter inspirieren zu lassen.

Natürlich erfordert dies ein wenig Arbeit, aber zumindest konnten wir ihm sein negatives, konfliktstiftendes Verhalten vor Augen führen. Jemand, der so etwas gut rezipiert, kann diesen Vergleichsimpuls also nun gut zur Veränderung seines Verhaltens und somit auch zur Konfliktlösung einsetzen.

Skulpturarbeit

Die Skulpturarbeit – noch eine Methode, deren volles Potential wir noch nicht erkundet haben. Doch was war das noch einmal?

Steigen wir mit einer kurzen Wiederholung ein. Bei der Skulpturarbeit werden uns durch andere Personen gewisse Attribute, die wir laut ihrer Wahrnehmung besitzen, zugeschrieben.

Manchmal fällt es uns nämlich leider schwer, Selbstreflexion erfolgreich zu betreiben, und manchmal ist es auch gar nicht möglich, gewisse Dinge über sich ohne die Hilfe von anderen Menschen zu erfahren. Man kann manchmal so viel reflektieren, wie man möchte – nur durch Außenstehende erfahren wir vollständig, wie unsere Handlungen auf unsere Umwelt wirken. Das ist wichtig, um zu begreifen, warum oder wie Konflikte durch unser Verhalten entstehen und sich entwickeln können. Wir müssen also eine Skulptur von der Person erschaffen, die all diese Attribute umfasst. Knüpfen wir dazu an das vorherige Beispiel an, jedoch nun mit einem kleinem Twist.

Beispiel: Einer Ihrer Kollegen, Herr Schmidt, verhält sich leider mal wieder daneben – das kommt in letzter Zeit immer öfter vor. Über die Auswirkungen seiner Verhaltensweisen ist er sich dabei aber leider gar nicht bewusst. Sein ständiges Klagen und Seufzen beeinflusst viele seiner Kollegen auf eine äußerst negative Art und Weise. Ihre Mitarbeiter fühlen sich dadurch nur noch genervt und unmotiviert, was sich nachteilig auf die Performance aller Beteiligten auswirkt. Auch schon in der Vergangenheit hat sich die Belehrung des Kollegen als schwierige Angelegenheit entpuppt – kurz gesagt ist er demnach immun gegen Kritik und dazu ebenfalls nicht bereit, sein Verhalten zu ändern. Schließlich sei er der Meinung, dass das doch alles so in Ordnung wäre. Aus diesem Grunde möchten Sie ihm sein Verhalten nun direkt vor Augen führen und bitten deshalb Ihre Mitarbeiter, sich jeweils einen oder mehrere störendende Charakterzüge des Kollegen anzueignen und auszuleben – denn auch ein Herr Schmidt findet es bestimmt nicht angenehm, von oben herab behandelt zu werden. Sie verwandeln sich also alle in verschiedene Skulpturen, die jeweils die verschiedenen Facetten des Kollegen repräsentieren.

Einer Ihrer Kollegen fängt also nun an, sich ignorant gegenüber Herr Schmidt zu verhalten. Dieser ist verwundert – schließlich ist noch nie jemand so mit ihm umgegangen! Eine andere Kollegin ruft ihm kurze Zeit später ein paar Anweisungen und ungefragte Meinungen zu. Auch das stört ihn enorm. Er sagt, dass ihn das stressen würde. Der Stress des Herrn Schmidt wird kurze Zeit später noch größer – ein weiterer Kollege beschließt, eine an ihn gerichtete Frage zu ignorieren. *Warum tut er das nur?* Herr Schmidt ist verwundert – so unverschämt geht man doch nicht miteinander um! Er bittet Sie – seinen Abteilungsleiter – um ein Gespräch. Frustriert schildert er Ihnen seine Sorgen. Er erzählt, wie schlecht er sich behandelt fühlt. Man kommandiere ihn herum und verlange Unmögliches von ihm. Das geht doch nicht. Wer kann denn in so einer Atmosphäre arbeiten? Von Respekt sei keine Spur vorhanden. Nachdem Sie Herrn Schmidt geduldig zugehört haben, beschließen Sie, die Situation aufzulösen. Sie erzählen ihm geduldig, dass die Charakterzüge, die ihn besonders stören, genau die Eigenschaften darstellen, welche auch bei seinen Kollegen besonders anecken. Er erfährt, dass sich die anderen Teammitglieder bewusst so verhalten haben, um ihm sein eigenes Verhalten vor Augen zu führen. Herr Schmidt ist schockiert. So unangenehm kam er sich selbst gar nicht vor! Er schämt sich für seine unfreundliche Verhaltensweise. Früher kam das aber doch noch gut bei seinen Kollegen an. Damals war Autorität noch ein gefragter Charakterzug. Sie bitten Ihren Kollegen nun, sich das Ganze zu Herzen zu nehmen und sein Verhalten anzupassen. Dies, behauptet er, werde er ganz sicher versuchen. Schließlich habe er sich wirklich sehr unwohl in diesem Moment gefühlt. Auch bei seinen Kollegen entschuldigt er sich, welche sich sehr über seine neu gewonnene Selbsterkenntnis freuen.

Diese besondere Art der Konfrontation mag zwar auf den einen oder anderen etwas harsch wirken, jedoch ist es in solchen äußerst brenzligen Situationen durchaus angemessen, auf diese zurückzugreifen. Trauen Sie sich.

GENERATIONENKONFLIKTE

Konflikte zwischen Generationen haben wir alle schon einmal erlebt. Auf der Weihnachtsfeier stimmen die etwas veralteten Ansichten des Onkels nicht mehr mit denen, die wir mittlerweile vertreten, überein. Die ältere Generation ist der Meinung, dass die *Kinder von heute* doch gar keinen Anstand mehr hätten und eh nur noch am Handy *hängen* würden – früher war doch schon alles besser. Die Beispiele sind endlos. Generationenkonflikte können sich auf alles beziehen – auch auf die Berufswelt. Je nach Unternehmen stoßen alte auf ganz junge Mitarbeiter, was nicht zwangsläufig immer gut ausgehen muss. Verschiedene Menschen haben verschiedene Ansprüche. Das gilt auch für die unterschiedlichen Altersgruppen, die innerhalb eines Systems vorhanden sind. Geprägt wurden diese jeweils durch unterschiedliche Faktoren, die sich stark auf die Arbeitsweise, -techniken, sowie -einstellung auswirken können. Es ist jedoch wichtig, zu erlernen, wie man mit solchen Konflikten, die durch bestehende Differenzen ausgelöst werden können, umgeht. Schauen wir uns im Folgenden nun ein paar Techniken an, die wir zur Klärung solcher Konflikte nutzen können.

Konferenz

Das Prinzip der Konferenz ist simpel und vielen von Ihnen schon aus dem Berufsalltag bekannt. Man trifft sich, beredet ein Thema, kommt im Idealfall zu einer Lösung und verlässt die Konferenz mit mehr Zuversicht. Konferenzen werden meistens durch eine Person geleitet, die gezielt durch das Meeting führt und immer stets das Problem im Blick hat. Die Teilnehmenden werden aufgefordert, zu diskutieren und sich aktiv einzubringen, sodass sämtliche Punkte auf der Agenda abgehakt werden können. Auch bei Generationenkonflikten kann uns das Einberufen eines solchen Treffens weiterhelfen. Manchmal ist es notwendig, gewisse Dinge in einem geordneten Setting zu klären. Vor allem dann, wenn eine der beteiligten Parteien sich besonders stur verhält, kann dies zur Notwendigkeit werden. Aber wie können wir die Methode der Konferenz nun dazu benutzen, um Generationskonflikte zu klären?

Umsetzung

Auch die Umsetzung ist simpel. Sie beginnen, indem Sie zunächst alle Mitarbeiter zur Konferenz zusammenrufen. Diese versammeln sich dann in einem Raum (entweder vor Ort, mittlerweile geht das aber auch digital), bevor Sie (hier als moderierende Person) mit der Vorstellung des Themas (in diesem Falle dem Generationenkonflikt) beginnen.

Es ist wichtig, auch eine klare Sprechstruktur festzulegen. Stellen Sie also Regeln auf, welche beispielsweise bestimmen, wer wann und wie lange sprechen darf – Ordnung zu bewahren, ist in Konfliktsituationen ein nicht zu unterschätzender Faktor!

Die Konferenz beginnt nun offiziell. Sie fordern nun die Teilnehmenden dazu auf, ihre Meinungen geordnet und nacheinander kundzugeben. Informationen werden gesammelt, Notizen werden niedergeschrieben und Gedanken werden notiert – und jetzt folgt auch schon der nächste Schritt.

Es kommt zur geordneten Diskussion, die durch die moderierende Person geleitet wird. Im Idealfall werden nun Sichtweisen ausgesucht und ernsthaft angesprochen. Auch diese können wieder schriftlich festgehalten werden. Außerdem ordnet der Moderierende alle gemachten Vorschläge und versucht dabei, die Diskussion in eine zielführende Richtung zu leiten, in der Kompromisse gemacht oder Lösungen entwickelt werden können. Das Prinzip ist also sehr leicht umzusetzen. Ein Beispiel verdeutlicht Ihnen dies.

Ihre Abteilung ist alterstechnisch bunt durchmischt – jung und neu im Job trifft auf alt und erfahren. Das funktioniert meist ganz gut, es besteht eine hohe Lernbereitschaft, was durchaus etwas Gutes ist. Doch bei einigen Themen, sprichwörtlich gesehen, scheiden sich die Geister. Vor allem das Thema *Homeoffice* wird von vielen älteren Mitarbeitern eher kritisch aufgegriffen. Manche sind gar der Meinung, dass dies dazu führt, dass sich ihre jungen Kolleginnen und Kollegen vor der Arbeit scheuen würden. Natürlich ist das nicht der Fall, aber es ist schwer, dies den älteren Generationen zu erklären. Diese sind, was die Technik angeht, auch ab und zu noch auf ihre jungen Kollegen angewiesen – und wenn die nicht da sind, kann dies natürlich auch nicht geschehen. Ihre jüngeren Angestellten sehen das Problem nicht und fühlen sich teils genervt von den Aussagen ihrer Kollegen. Sie wollen das nun einmal klären. Wegen sowas sollte es nicht zu Konflikten kommen. Eine Konferenz wird also einberufen.

Zu Beginn der Konferenz formulieren Sie also das Thema der heutigen Agenda: die Arbeit im Homeoffice. Um sich ein Meinungsbild zu verschaffen, fragen Sie Ihre Kollegen zunächst, wie sie dazu stehen. *Wo würden Sie sich also hier positionieren?* Schnell erhalten Sie einige Antworten, die sich aufgrund des Generationenkonflikts jedoch stark unterscheiden. Diese halten Sie fest. *Möchte noch jemand etwas sagen?* Die letzten Aussagen werden Ihnen mitgeteilt, wodurch das Meinungsbild immer klarer wird: Die alte Generation findet es unfair, wenn die jüngere Generation sich im Homeoffice alles entspannt selber einteilen darf. Zwar besitzen diese auch die Chance, ins Homeoffice zu gehen, haben aber nicht das technische Knowhow, welches für die Umsetzung benötigt wird. Die jüngere Generation möchte sich aber die Zeit viel lieber selber einteilen. Vor allem von der sogenannten Work-Life-Balance ist hier oft die Rede. Beide Seiten können Sie durchaus verstehen, man kann aber einerseits keinem das Recht auf Homeoffice verbieten und andererseits wird tatsächlich auch jemand vor Ort benötigt, der sich mit der modernen Technik auskennt. Es muss also ein Kompromiss her. Sie bitten die Mitarbeiter, Ihnen ihre Ideen mitzuteilen. Dabei können Sie schon einige gute Vorschläge sammeln, sogar viel mehr als gedacht! Das Team diskutiert über die Ideen, kommt aber einfach nicht zu einem Schluss, ganz im Gegenteil: Das Meeting zieht sich in die Länge, Frust steigt langsam auf. Sie beschließen also, eine Abstimmung per Handzeichen durchzuführen. Die Mitarbeiter entscheiden sich mehrheitlich für die folgende Methode: Jeder, der ins Homeoffice möchte, darf dies auch gerne tun, aber muss trotzdem per Videoanruf oder -meeting erreichbar sein, sodass im Notfall den älteren Mitarbeitern bei Technikproblemen geholfen werden kann. Dieser Kompromiss stellt fast jeden zufrieden und bietet gleichzeitig sogar noch eine Lernmöglichkeit für die ältere Generation dar, die sich nun mit den Funktionen der Videoanruf-Technik vertraut machen muss. Wie Sie sehen, ist die Konferenz nicht nur eine festgesetzte, durch bestimmte Regeln eingezäunte Methode, die immer zum gleichen Ergebnis führt. Sie dient eher als Nährboden für das Konzipieren erfolgreicher und effizienter Lösungsstrategien und Kompromisse.

Die Wunschliste

Mithilfe von Wunschlisten können wir uns einen Überblick über die individuellen Anforderungen unserer Mitarbeiter aller Altersstufen verschaffen. Wunschlisten dienen dabei als eine Art Basis, auf welcher die Diskussionen und Konversationen bezüglich der individuellen Ansprüche aufbauen können. Denn nur, wenn wir wissen, wem was gefällt oder wer was bevorzugt, ist es möglich, Kompromissvorschläge und Lösungsansätze zu vermitteln. Die Erstellung einer solchen Wunschliste ist sehr einfach. Sie brauchen wieder einmal nur ein Blatt und einen Stift oder ein leeres Schreibdokument, um die Wünsche der Mitarbeiter festzuhalten. Nehmen Sie sich Zeit, jeden einmal persönlich zu befragen. Gerne können Sie auch ein paar Impulse geben, wenn dem oder der Befragten gerade nichts einfällt oder die Befragung auf kein spezifisches Thema abzielt, wie zum Beispiel:

- Wie lange würden Sie denn gerne arbeiten?
- Was würden Sie gerne noch dazulernen wollen?
- Was können wir von uns aus tun, sodass Sie sich wohler am Arbeitsplatz fühlen?

Natürlich handelt es sich hierbei nur um ein paar wenige Beispiele – jedoch sind diese alle mit einer Antwort verbunden, in der auch ein Wunsch geäußert werden soll. Das Frageformat bietet sich bei der Wunschlistenerstellung demnach als hilfreiche Methode an. Natürlich können Mitarbeiter ihre

Wünsche auch selber formulieren. Also ganz ohne Impuls. Nehmen wir also an, wir hätten schon einige Wünsche gesammelt. Die Listenerstellung ist so weit abgeschlossen und die Planung bzw. Einarbeitung der Wünsche kann nun beginnen. Greifen wir auf unser vorheriges Beispiel zurück. Wie Sie bereits wissen, wünschen sich die jüngeren Leute, vermehrt im Homeoffice arbeiten zu dürfen, während sich die etwas ältere Generation Sorgen um die technische Unterstützung vor Ort macht, wenn ihre technikaffinen Kolleginnen und Kollegen nicht mehr so Oft das Büro frequentieren. Vor dem Meeting wurden zwei Wunschlisten erstellet, welche ungefähr so aussahen:

1. Jung

- Homeoffice, wann immer wir wollen
- Mehr Freizeit bei gleichbleibender Arbeitsmenge
- Flexibilität
- Digitalisierung der Arbeitsprozesse, wie z. B. mehr Online-Konferenzen
- Work-Life-Balance verbessern

2. Alt

- Zusammentreffen im Büro wird bevorzugt
- Hilfe bei Technikproblemen, da viele nicht auf dem neuesten Stand sind und Hilfe benötigen
- Arbeit und Freizeit sollten strikt getrennt werden (*und im Homeoffice ist dies laut den älteren Mitarbeitern nicht möglich*)

Auf den ersten Blick scheinen die Wünsche sehr inkompatibel zu wirken. Doch zumindest wissen wir nun, was denn jetzt überhaupt von wem als wichtig angesehen wird. Das können wir jetzt als Basis für das Entwickeln von Lösungsvorschlägen nutzen, indem wir die Wunschliste zum Beispiel in Konferenzen einsetzen, wodurch wir immer das Ziel im Auge behalten können.

Symptomverschreibung

Die Methode der Verschreibung kennen Sie bereits. Es gibt eine Sache, die sich nicht mal eben so etablieren lässt, weshalb Sie diese nun auch nach der Arbeit, also zu Hause, *üben* müssen. Die Symptomverschreibung ist von der Durchführung her fast identisch wie die der regulären Verschreibung. Doch was ist jetzt der Unterschied?

Bei der Symptomverschreibung handelt es sich um das Gegenteil der Verschreibungen, da nun zu Hause nicht mehr positive Verhaltensweisen (usw.) erprobt, sondern negative, konfliktauslösende Handlungen wahrhaftig ausgelebt werden sollen – natürlich so, dass keiner dabei zu wirklichem Schaden kommt.

Paradoxe Interventionen werden meist in Form von **Symptomverschreibungen** eingesetzt: Befindet man sich beispielsweise in der Situation, in welcher sich sein Kind weigert, nichts als Nudeln zu essen, kommt es genau dann zu einer Symptomverschreibung, wenn man ihm ausschließlich und zu jeder Mahlzeit nur Nudeln anbietet. Es wird somit so übertrieben häufig mit Nudeln konfrontiert, bis es diese nicht mehr sehen kann.

Das hört sich zunächst einmal absurd an, nicht wahr? Wie soll denn sowas funktionieren? Wie bringt uns das weiter? Die Idee dahinter ist eigentlich ganz logisch: indem Sie Ihren inneren Drang, z. B. danach, Frust an anderen abzulassen (da es gerade sehr stressig ist), in andere Dinge hineinprojizieren und ihn dadurch ausleben, wird es Ihnen ermöglicht, sich während der Arbeit auf das Wesentliche zu konzentrieren.

Gerade bei Generationenkonflikten kann uns dies eine große Hilfe sein – denn manchmal findet man bei manchen Dingen einfach keinen einfachen und schnellen Ausweg – so ähnlich wie bei einer chronischen Erkrankung, die sich zwar nicht heilen lässt, deren Symptome aber durch Medikamente gelindert werden können.

Lösungsprozesse finden

Wenn es ein paar Begriffe gibt, die Ihnen im Verlaufe des Buches immer wieder begegnet sind, dann sind es definitiv **Lösung, Lösungsprozess** und **Problemlösung**. Für etwas eine Lösung zu haben, ist meist unser Endziel, das wir durch das Anwenden von Methoden und Taktiken erreichen möchten (oder gar müssen). Manchmal stellt dies jedoch eine große Herausforderung dar – das trifft insbesondere auf Situationen zu, die auf den ersten Blick unüberwindbar erscheinen. Die Hürde ist hoch, der Weg in Richtung Lösung verschlossen und das Endziel ist noch lange nicht in Sicht. Meist ist diese mentale Stagnation ein Ergebnis mangelnder Methodenkenntnisse, was uns von der geordneten Konzipierung von Lösungsprozessen abhält. Manchmal sorgen auch ganz andere Faktoren, wie z. B. Konflikte, ein Mangel an Kreativität oder holprig ablaufende Prozesse für solch unvorteilhafte, von Pessimismus geprägte Situationen – jedem von Ihnen kommt es bestimmt bekannt vor –, doch was können wir unternehmen, um uns von limitierenden Mindsets zu lösen? Mit welchen Methoden können wir realistische und effiziente Lösungsprozesse konzipieren, die wir später auch erfolgreich anwenden können? Das wollen wir nun gemeinsam herausfinden.

PROZESSOPTIMIERUNG

In einem System finden ständig Prozesse sowohl vor als auch hinter den Kulissen statt.

Wir erinnern uns:
Alles hängt in einem System voneinander ab, wodurch sämtliche Prozesse und Handlungen beeinflusst werden, die das System wiederum dann auch beeinflussen können.

Eine Art Kreislauf sozusagen. Manchmal müssen wir leider feststellen, dass es an manchen Stellen nicht so glatt läuft, wie wir es uns wünschen würden. Der angestrebte Kreislauf, in dem alles reibungslos funktioniert, wird in solchen Fällen dann eher zum Teufelskreis. Die ablaufenden Prozesse sind dabei nicht optimal auf das System abgestimmt. So etwas kommt in der Tat nicht selten vor. In den wenigsten Fällen laufen Prozesse auf Anhieb reibungslos ab, weshalb es nun unsere Aufgabe ist, sie zu optimieren. Doch wie kann so etwas aussehen? Zahlreiche Methoden können uns hierbei zur Hilfe eilen. Die Prozessoptimierung ist ein enorm individueller Prozess, der an oberster Stelle auf der Agenda eines Unternehmens stehen sollte – falsche Handlungen oder schlechte Anpassungen sorgen für eine geringere Effizienz und verminderten Erfolg. Die Optimierung eines Prozesses sollte also stets ernst genommen werden! Von ihr hängt schließlich das ganze System ab. Doch wie kann so etwas nun ausschauen? Das ist etwas, was ganz individuell ablaufen kann. Es gibt nicht nur eine spezifische Taktik, mit der jeder Prozess automatisch in die richtige Richtung geschoben wird – vielmehr ist es eine Kombination aus verschiedensten Faktoren, die einzeln auf den Ablauf und Erfolg des Prozesses Einfluss haben können. Der Optimierungsprozess besteht hauptsächlich aus der Analyse der Schwachstelle, der Konzipierung von Lösungen sowie der Implementierung der entwickelten Strategien. Eventuell kann es auch vorerst in einer Versuchsphase zunächst zur Erprobung der Lösungsstrategien kommen – während dieser wollen wir herausfinden, ob sie für unsere Situation geeignet sind und auch in der Realität langfristig umgesetzt werden können. Wie bereits erwähnt, läuft die Prozessoptimierung eben immer individuell ab. Jede Situation ist verschieden, doch mit dieser beispielhaften Grundstruktur wollen wir Ihnen nun eine logische und geordnete Vorgehensweise näher bringen. Das folgende Beispiel ist in mehrere Schritte unterteilt, die auf die jeweilige Situation angepasst werden können:

Schritt 1 – Die Analyse:

Während der Analyse geht es darum, den Prozess in seine Einzelteile zu zerlegen.

Stellen Sie sich also folgende Fragen:

- Aus welchen Einzelhandlungen besteht der Prozess?
- Aus welchen Unterhandlungen bestehen wiederum die einzelnen Einzelhandlungen? *(Wir brechen die Einzelhandlungen also nun nochmals weiter runter!)*
- Wie schwer oder leicht fällt mir diese Einzelhandlung?
- Treten dabei Probleme auf oder kommt es zu Unsicherheiten?
- Fallen mir bereits jetzt schon Schwachstellen auf?

Mithilfe systemischer Fragen wird es Ihnen ermöglicht, einige Basisinformationen und Beobachtungen herauszufiltern. Als Nächstes wäre es logisch, den Prozess beispielhaft einmal durchzugehen. Sie setzen sich also ein fiktionales Ziel
(Beispiel: *Sie wollen den Zeitaufwand für Aufgabe A um ca. 2 Stunden verringern, sodass auch die restlichen, für den Tag geplanten Aufgaben komplett erledigt werden können – diese könnten theoretisch in der vorhergesehenen Zeit erledigt werden, allerdings kommt es nur selten oder gar nicht dazu.*), an welchem Sie den Prozess anwenden wollen, und achten nun besonders auf die Durchführung der einzelnen Einzelhandlungen. Gleichen Sie diese auch gerne mit Ihren Notizen ab oder fügen Sie gar noch welche – falls relevant – hinzu. Hieraus könnte sich zum Beispiel ergeben, dass die Einzelhandlungen 1 bis 4 reibungslos ablaufen, es jedoch ab Einzelhandlung 5 zu Schwierigkeiten kommt.

Beispiel:
Fiktionales Ziel: Verkürzung des Prozesses für Aufgabe A, sodass auch die restlichen Aufgaben erledigt werden können.
Einzelhandlung 1: Die Aufgabe wird im Team besprochen und diskutiert. Alles läuft reibungslos ab. Stellen Sie sich dabei auch vor, dass die Aufgabe in kleinere Unteraufgaben aufgeteilt wird. Sie erhalten demnach auch eine Unteraufgabe, die es zu lösen gilt.
Einzelhandlung 2: Sie selbst setzen sich nun an Ihre zugeordnete Unteraufgabe und versuchen, diese vollständig zu verstehen. Kein Problem, auch das funktioniert – schnell haben Sie raus, was zu tun ist.
Einzelhandlung 3: Sie analysieren die Daten, die als Basis für die Unteraufgabe dienen. Das geht auch relativ rasch, da Sie ein gutes Verständnis für Statistik besitzen.
Einzelhandlung 4: Die Daten werden nun aufbereitet und sorgfältig notiert. Das funktioniert auch noch reibungslos und nimmt nicht viel Zeit in Anspruch.
Einzelhandlung 5: Nun müssen Sie die Daten in das dementsprechende Programm eintragen. Mit diesem kennen Sie sich leider aber nicht so gut aus! Hier liegt also auch schon das Problem. Ständig müssen Sie Ihre Kollegen fragen, die leider genauso mit der Frage überfordert sind wie Sie – und das nimmt viel Zeit in Anspruch. Anstatt sich mit der Anleitung zu befassen, probieren Sie einfach irgendwelche Befehle aus und hoffen darauf, dass alles irgendwie funktionieren wird. Schnell addieren sich die Minuten, der Prozess verlängert sich ungemein. So stark sogar, dass Sie sich in der Regel knapp zwei Stunden mit der Aufgabe beschäftigen und am Ende nur durch Zufall auf die Lösung kommen. Das wollen wir ändern, denn auch Ihre Kollegen sind von dieser Verzögerung betroffen.

Bei Einzelhandlung 5 wissen Sie nicht so ganz, wie Sie vorgehen sollen. Sie gleichen dies mit den Notizen ab und erinnern sich, dass in der Vergangenheit genau hier immer wieder Probleme aufgetreten sind. Das wirkt sich natürlich auch auf den weiteren Prozess aus. Es ist nun unsere Mission, Einzelhandlung 5 zu optimieren.

Schritt 2 – Die Konzeptualisierung:
Nun wollen wir eine Lösung für die Verbesserung der Durchführung von Einzelhandlung 5 finden.

Dazu können wir, falls Einzelhandlung 5 wieder aus einzelnen Unterhandlungen besteht, diese zunächst erneut aufgliedern, um einen besseren Überblick zu erhalten. Doch auf Anhieb fällt uns meistens leider nichts Konkretes ein, weshalb wir einige Ideen zu Beginn sammeln und ordnen sollten. Fragen, die wir uns dazu stellen können, gibt es auch hierbei wieder in zahlreicher Ausführung, wie z. B.:

- Wie lässt sich das vorliegende Problem, bezogen auf Einzelhandlung 5, genau definieren?
- Wie lässt sich unser Ziel bezüglich dieser spezifischen Einzelhandlung *(nicht allgemein, wir möchten uns jetzt nur auf diesen Aspekt fokussieren)* definieren?
- Welche Handlungen haben sich erfahrungsgemäß bereits in der Vergangenheit als hilfreich erwiesen?
- Welche Methoden* gibt es, die wir anwenden könnten? *(*kleiner Hinweis: die besagten Methoden befinden sich im nächsten Kapitel!)*

(usw. – P*assen Sie die Fragen weiter auf die spezifische Situation an!*)

Weitere Fragen können nach Belieben und je nach Anliegen natürlich auch definiert werden. Achten Sie auf die in einem früheren Kapitel besprochenen **Neutralitätsaspekte** (z. B. keine Idee als automatisch schlecht einstufen) und die zielgerichtete **Formulierung** (Problem- und Lösungsorientierung), um zu einer präzisen und akkuraten Antwort zu kommen.

Mit den Antworten ist es nun möglich, Konzepte zu erstellen und zu planen. Dabei können Ideen kombiniert, weggestrichen, ausgebaut oder umformuliert werden – Ihnen steht also alles frei. Lassen Sie Ihrer Kreativität freien Lauf und machen Sie sich dabei stets Notizen.

Schritt 3 – Die Erprobung:
Nun geht es darum, die verschiedenen Lösungs- oder Methodenkonzepte zu erproben – denn nicht immer können wir auf Anhieb wissen, ob ein Lösungskonzept auch tatsächlich das erfüllt, was es soll. Einerseits ist es möglich, ein individuelles, neues Lösungskonzept zu entwickeln, jedoch können Sie auch gerne auch jene, die wir im folgenden Kapitel besprechen werden, als Hilfsmittel verwenden. Dies erleichtert Ihnen das Vorgehen in Situationen, in denen Ihnen noch nicht ganz klar ist, wie Sie nun folglich handeln wollen.

Sie gehen den Prozess also wieder einmal beispielhaft durch und notieren sich, welche Methode sich wie auf welche Einzelhandlung auswirkt. Bei negativen Ergebnissen streichen Sie diese von Ihrer Liste, bei positiven gehen Sie logischerweise genau umgekehrt vor. Wenn Sie merken, dass Sie sich z. B. auf dem richtigen Weg befinden, jedoch noch Kleinigkeiten verändert werden müssen, sollten Sie diese Schwachstellen folglich auch ausbessern. Danach sollten Sie die verbesserte Methode zur Überprüfung erneut anwenden. Führen Sie den Erprobungsschritt so lange durch, bis Sie die Methode, die sich als am erfolgreichsten erweist, herausgefiltert haben. Wenn Sie von einem Kunden beauftragt worden sind, sollten Sie hier auch nach dessen Meinung fragen. Manchmal kommt es in der Tat auch zu größeren Änderungen, welche deutlich vom ursprünglichen Plan abweichen. Es ist ratsam, so etwas also zunächst erst mit dem Kunden abzusprechen.

Gehen wir zur Verdeutlichung noch einmal auf unser Beispiel ein. Stellen wir uns nun vor, dass Sie sich drei potentielle Hilfsmöglichkeiten zur Verbesserung Ihrer Programmkenntnisse rausgesucht haben. Die Erste wäre, sich das Ganze noch einmal von einem anderen Kollegen erklären zu lassen, während die Zweite aus dem Lesen der Anleitung bestehen würde. Die Dritte beträfe ein Video, in dem Ihnen das Programm sowohl bildlich demonstriert als auch noch einmal verbal erklärt wird.

Sie beginnen also mit der ersten Möglichkeit und bitten Ihren Kollegen um eine Erklärung. Schnell merken Sie, dass dies nicht sehr effizient ist. Es fällt Ihnen schwer, sich all die ganzen technischen Begriffe nur durchs Hören zu merken. Das bringt uns nicht wirklich weiter! Das Lesen des Benutzermanuals erweist sich ebenfalls als komplizierte Angelegenheit. Dort wird zwar alles bis ins kleinste Detail beschrieben, aber an Bildern mangelt es leider ungeheuerlich. Sie wissen gar nicht, worauf denn jetzt welcher Paragraph überhaupt abzielt. Beide Möglichkeiten haben sich auch als enorm zeitaufwändig herausgestellt. Nach der Erklärung des Kollegen benötigen Sie immer noch eine Stunde zu viel für die Aufgabe, mit Anleitung sogar wieder fast zwei.

Nun probieren Sie den dritten Vorschlag aus. Sie klicken auf das von der Software- Firma produzierte Video und schauen sich dieses aufmerksam an. Der Sprecher demonstriert die einzelnen Schritte direkt am Computer und erklärt genau, was der Zweck der einzelnen Befehle ist und wie diese auszuführen sind. Das Video ist auch relativ kurz – innerhalb von nur 30 Minuten werden alle Basiskenntnisse vermittelt und praxisorientiert aufbereitet. Logischerweise entscheiden Sie sich also für die dritte Methode und fangen schnellstens an, sich die nötigen Fähigkeiten anzueignen. Nach einiger Zeit sind Sie in der Lage, die Aufgabe in der vorgesehenen Zeit zu erledigen, und benötigen keine zwei zusätzlichen Stunden zur Erledigung dieser. Die folgenden Aufgaben werden somit auch positiv beeinflusst, da wir diese nun entspannter angehen können und durch weniger Eile auch weniger Fehler entstehen können.

Schritt 4 – Die Anwendung und Implementierung:

Wir haben also nun eine Vorgehensweise gefunden, die sich perfekt für unseren Prozess eignet – auch der Kunde (falls es sich um einen Auftrag von außerhalb handelt) scheint zufrieden zu sein. Wollen wir diese nun in unseren Arbeitsprozess einbauen!

Dazu gehen wir den Prozess noch einmal Schritt für Schritt durch und schreiben uns – falls nötig – wieder einmal jede Handlung auf, wodurch wir einen besseren Überblick und eine Art Anleitung erhalten, die uns alles noch einmal vor Augen führt. Der optimierte Prozess sollte natürlich mehrmals wiederholt werden. Schließlich wollen wir nachhaltige Veränderungen herbeiführen – und das geht leider ohne Übung nicht. Auch sollten Sie sämtliche relevante Personen – sowohl Ihre anderen Mitarbeiter als auch den Kunden – über die Änderung informieren, damit auch wirklich jeder auf dem neusten Stand ist.

Sie schauen sich also nun erneut einen Datensatz an, welchen Sie in das Programm übertragen wollen, und fangen an, diesen in die vorgesehenen Spalten und Reihen auf Ihrem Display zu übertragen. Das klappt hervorragend! Auch müssen Sie immer weniger auf Ihre Notizen schauen, da sich Ihre Fähigkeiten immer weiter festigen und Ihnen sprichwörtlich *ins Blut übergehen.*

Schritt 5 – Die Evaluierung

Nachdem wir die vorgesehenen Verbesserungen in die Einzelhandlung implementiert haben, müssen wir sicherstellen, dass auch nun wirklich alles so wie geplant abläuft. Dazu evaluieren wir den Prozess und schauen uns durchgehend an, ob die verschiedenen Einzelhandlungen auch auf lange Sicht ohne Probleme und möglichst effizient ablaufen.

Im Laufe der Zeit kann es u. a. zu plötzlichen Änderungen kommen, die meist automatisch mit erneuten Anpassungen einhergehen könnten. Bezogen auf unser Beispiel könnte sich es unter anderem um Programmupdates oder Neuversionen handeln, die wiederum andere Fähigkeiten voraussetzen. Beobachten Sie also stets die neusten Entwicklungen und seien Sie sich darüber bewusst, dass Sie den Prozess gegebenenfalls erneut optimieren müssen. Schauen Sie sich daher regelmäßig an, wie sich der Prozessablauf verändert, um potenzielle Schwachstellen schnell identifizieren zu können. Die Erarbeitung einer Lösung kann dadurch schneller vonstattengehen, was weniger Stress für das ganze Team bedeutet. Auch den Kunden sollten Sie regelmäßig konsultieren, um potenzielle Änderungen rechtzeitig absprechen zu können.

Schritt		Phase	Was passiert?
1	Projekt	Vorbereitung, Analyse	Kommunikation, Projektorganisation, Ressourcenplanung
2			Ist-Bestand: Erhebung, Analyse, Zusammenfassung der Ergebnisse
3	Prozess-optimierung	Konzeptualisierung, Optimierung	Soll-Konzept
4		Anwendung, Implementierung	Umsetzplanung, Durchführung, Maßnahmen, Implementierung, Controlling
5	Prozessmanagement-kreislauf	Evaluierung	Kontinuierliche Verbesserung, Controlling

VISUALISIERUNG

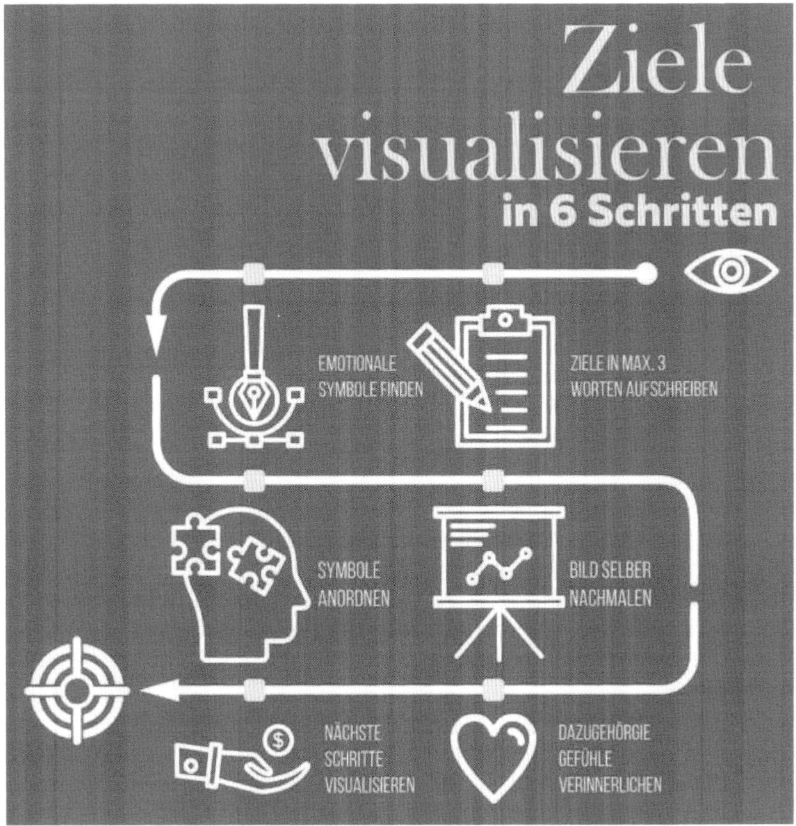

Sich etwas vor Augen zu führen und bunt auszumalen ist manchmal gar nicht so einfach, denn schließlich ist nicht jeder Mensch mit einer lebhaften inneren Welt im Kopf ausgestattet, die es ihm oder ihr ermöglicht, sich auf Knopfdruck in die verschiedensten Szenarien hineinzuversetzen. Aus diesem Grund ist es manchmal notwendig, bestimmte Visualisierungstaktiken zu erlernen, sodass diese später wirkungsvoll eingesetzt werden können. Auch diejenigen, die vielleicht eher logisch als kreativ denken, können sich somit gewisse Szenarien in den Kopf rufen, welche die Vorstellung von optimalen Ergebnissen ermöglichen bzw. erleichtern. Daran können uns jedoch leider auch wieder mentale Hürden hindern, die natürlich nicht nur primär logisch denkende Menschen, sondern auch kreativ handelnde Personen betreffen können. Einige Lösungsprozesse kann man sich tatsächlich nur sehr schwierig vorstellen. Wir befinden uns dann meistens in Situationen, in denen kein Ende in

Sicht ist, was die Vorstellung der erfolgreichen Umsetzung einer effektiven Lösungsstrategie sehr erschweren kann. Solche Probleme lassen sich durch das Verwenden von Visualisierungstaktiken jedoch gezielt beheben. Doch wie schaffen wir es, diese erfolgreich anzuwenden?

Visualisierungstaktiken können, wie auch Prozessoptimierungsmethoden, ganz unterschiedlich aussehen. Sie müssen individuell auf jede Situation angepasst werden.

Unter Visualisierung verstehen wir das Übertragen der Lösungsmöglichkeiten auf unsere Gedanken, um uns die Methoden, die wir gerne anwenden möchten, bildlich vor Augen zu führen.

Schauen wir uns einmal zusammen die hier aufgeführte Grafik an. Diese zeigt uns ein Idealbeispiel für die Konzipierung einer erfolgreichen Zielvisualisierung auf. Insgesamt lassen sich hier sechs verschiedene Schritte aufzählen:

Schritt 1 – Wir wollen das Ziel zunächst einmal definieren. Jedoch sollten wir die Definition relativ knapp halten und limitieren uns deshalb auf drei Wörter. Mehr könnte verwirrend wirken, weniger zu ungenau.

Schritt 2 – Nun geht es darum, Symbole mit einer gewissen emotionalen Konnotation *(wie z. B. das* ***fertige Endprodukt****, welches besonders schön aussieht, perfekt geworden ist und durch* ***Fleiß*** *und* ***Teamgeist*** *entstanden ist)* zu finden. Positive Emotionale Verbindungen können in uns Motivation und Willenskraft hervorrufen, wie zum Beispiel das bereits erwähnte Symbol des *schönen, fertigen Endproduktes,* welches uns aufzeigen soll, dass sich unsere Arbeit also durchaus lohnen kann.

Schritt 3 – Diese Symbole wollen wir nun anordnen. Stellen Sie sich dies wie ein Puzzle vor. Sie verbinden also das Symbol des fertigen Endprodukts beispielsweise mit dem des Erfolgs und des Glücks. Negative Symbole sollten hierbei ausgelassen werden, denn schließlich wollen wir unser Ziel erreichen und nicht wegschubsen.

Schritt 4 – Wir wollen das erstellte Bild nun selber nachmalen, die Symbole also verbildlichen. Verbinden wir sie nun z. B. mit Bildern des Erfolgs (z. B. ein klatschendes Publikum bei der Produktpräsentation) oder des Glücks (z. B. Sie erfahren von Ihrer Beförderung), sodass Ihre Vision allmählich klarer wird.

Schritt 5 – Lassen wir uns noch ein Stück weiter auf unsere Gefühle ein, die aus der Verbildlichung unserer emotional konnotierten Symbole entsprungen sind. Wir wollen diese nun also *richtig spüren.* Stellen Sie sich vor, wie es wäre, von Ihrer Beförderung zu erfahren. Welche Emotionen spüren Sie dabei? Wem erzählen Sie begeistert davon? Malen Sie sich solche Szenarien bunt aus.

Schritt 6 – Wir haben unser Ziel nun erfolgreich definiert und uns emotional an dieses gebunden – es ist sozusagen ein Teil unseres Selbst geworden. Mit diesem Gedanken im Hinterkopf wollen wir nun die weiteren Schritte planen.

Wir kreieren also eine Vision, eine Vorstellung der Zukunft, welche im Nachhinein zu Motivation und Optimismus führt. Man sollte hierbei beachten, dass es nicht die eine Methode zur Visualisierung gibt. In einigen Fällen kann eine problem- und lösungsorientierte Motivationsrede, die stets das Ziel in den Mittelpunkt stellt, ausreichen. Manchmal ist es auch hilfreich, durch Wunderfragen eine Vision zu erschaffen, welche die Mitarbeiter in den Bann zieht und die Motivation ankurbelt – aber auch durch diverse andere Methoden ist es möglich, sich ein positives Bild der Zukunft vor Augen zu führen. Welche Methoden Sie dabei zur Hilfe ziehen können, werden wir im Laufe des Kapitels noch im Detail besprechen. Merken Sie sich jedoch schon einmal eine wichtige Sache: Nur wenn wir positiv in die Zukunft blicken, können wir unsere Ziele erreichen und Großartiges bewirken!

Best -Case-Szenario

Der Mensch tendiert leider oft dazu, pessimistisch zu denken. Man wendet sich von den positiven Seiten einer Situation ab und legt den Fokus auf die negativen Aspekte, was dann zu Demotivation und einer verminderten Leistungsfähigkeit führen kann. Die Welt sieht nur noch grau aus – dicke, dunkle Wolken verdecken den Himmel. Von Sonnenstrahlen keine Spur. Im schlimmsten Fall – also wenn das *Worst-Case-Szenario* eintreten sollte – fängt es auch noch gleich zu gewittern an. Eine unschöne Vorstellung, nicht wahr? Doch warum denken wir nicht an das Gegenteil, also an das *Best-Case-Szenario,* wenn wir uns in solch brenzligen, aussichtslosen Lagen befinden? Das ist eine gute Frage. Meistens hängt dies mit aufgestautem Frust zusammen, der zu Hoffnungslosigkeit und Katastrophendenken führen kann – und das hält uns alle vom Erreichen unserer Ziele ab.

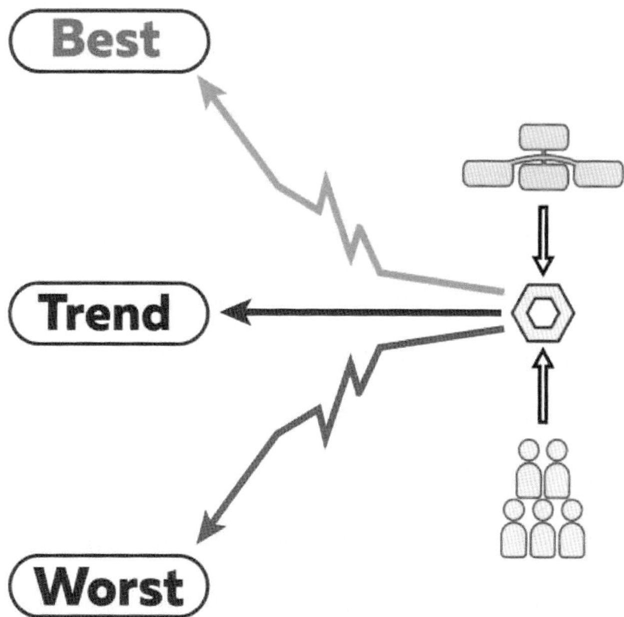

Die Methode der Szenario-Analyse hilft uns dabei, uns ein solch positives Best-Case-Szenario vor Augen zu führen. Sie dient der frühzeitigen Prognose von Entwicklungen z. B. in der Wirtschaft, wodurch wir zukünftige Szenarien einschätzen und uns für den Eintritt dieser gut wappnen können. Sie läuft in mehreren Schritten ab und lässt sich wie folgt aufgliedern:

Analyse

Zunächst müssen wir das vorliegende Szenario überhaupt erst einmal analysieren. Wir stellen also sicher, dass wir die Situation komplett überblicken und auch im Detail verstehen. Kurz gesagt wollen wir uns über die Ausgangssituation bewusst werden. Dabei sollten wir einen konkreten Analysebereich festlegen, welchen wir überhaupt analysieren möchten *(z. B. Veränderungen der Umsätze innerhalb eines bestimmten Zeitraumes).* Nun sollten wir uns auch ein Bewusstsein über potentielle externe Einflüsse verschaffen – denn diese bestimmen stark das Aussehen und den Ausgang des zukünftigen Szenarios. Wir wollen diese Einflussfaktoren also aufspüren und in den weiteren Prozess mit einbringen.

Trendprojektionen

Wollen wir uns nun noch einmal ausführlicher mit den Trends, also den unterschiedlichen Einflüssen, die sich auf zukünftige Szenarien auswirken können, beschäftigen. Zunächst sollten wir sicherstellen, dass wir diese Einflüsse, die aus diesen Entwicklungen entstehen, überhaupt richtig messen können, indem wir sie z. B. an bestimmte Werte knüpfen (z. B. Prozentangabe bzgl. des Umsatzwachstums). Natürlich möchten wir danach auch die Trends dementsprechend analysieren und aufdecken – schauen wir uns dazu also den Markt an und notieren uns die wichtigsten Unterpunkte. Diese wollen wir nun auf ihren Einfluss hin untersuchen. Wie wirken diese sich auf die Zukunft aus? Was bedeutet das für aufkommende Szenarien? Auch sollten wir aber niederschreiben, welche Störfaktoren (z. B. Krisensituationen oder plötzliche Trendänderungen) sich auf die Szenarioentwicklung auswirken können und was wir beachten müssen, falls sie auftreten sollten.

Auswertung

Nachdem wir sowohl die Trends als auch unsere eigene Ausgangssituation analysiert haben, müssen wir die daraus gewonnenen Informationen nun auch aufbereiten und auswerten, sodass wir diese auf die potentiellen Szenarien beziehen können. Dazu sollten wir überprüfen, ob diese mit Logik verbunden ist (Kann dies wirklich eintreten? Ergibt das überhaupt Sinn oder betrifft es uns auch tatsächlich?) und in der Realität fußt. Somit können wir die Szenarienentwicklung im Hinblick auf ihre Konsistenz und ihren Sinn hin bewerten, wodurch wir entscheiden können, ob es überhaupt lohnenswert ist, sich auf das Szenario aktiv vorzubereiten. Die Abwägung von Konsequenzen spielt hierbei auch eine große Rolle – wir fragen uns, ob wir bestimmte Risiken überhaupt eingehen wollen, indem wir über ihren potentiellen Nutzen (bzw. Chancen) bzw. Schaden nachdenken. Die Entscheidung treffen wir dann anhand der Anzahl an entweder positiven oder negativen Aspekten – wenn die positiven überwiegen, lohnt es sich beispielsweise, sich auf das Szenario vorzubereiten. Mehrheitlich negative Aspekte sind demnach ein Indikator gegen dieses Vorhaben.

Umsetzung

Die Umsetzung basiert auf der Formulierung und Konzipierung einer Leitstrategie für das gesamte Unternehmen, Team oder die Abteilung. Sie ist auf den Trend ausgerichtet und informiert stets alle Mitarbeiter über aktuelle Entwicklungen und sonstige wissenswerte, essentielle Aspekte bezüglich des potentiellen Szenarios. Außerdem legt Sie beispielsweise Ziele fest (auch Zwischenziele), an denen sich jeder konkret orientieren kann (z. B. bzgl. der Entwicklung der Messwerte in Prozent und was wir in Bezug darauf anstreben). Sie ist also ein allumfassender Guide, der uns auf dem Weg begleitet und gezielt auf das Szenario vorbereitet.

Krempeln wir das Ganze nun einmal um. Das *Best-Case-Szenario* stellt grundsätzlich erst einmal keine unerreichbare, fantastische Utopie dar. Ein solches Szenario ist definitiv nicht realitätsfern – es wirkt eher angsteinflößend auf uns, da wir uns über den Arbeitsaufwand bewusst sind, der mit diesem Ziel verbunden ist. Ein *Worst-Case-Szenario*, in dem eh alles schiefläuft, kann man sich dagegen viel besser vorstellen – indem wir einfach aufhören würden, zu arbeiten, würde ein solches Ergebnis ganz sicher auf uns zukommen. Wir haben es also mit einer Art der Ungewissheit zu tun, welche uns davon abhält, positivere Gedanken zu schöpfen. Stattdessen haben wir Angst und Respekt vor dem vermehrten Arbeitsaufwand, der uns zu unserem Ziel führen würde. Auch vorherige negative Erfahrungen können zur Entstehung solcher Gedanken beitragen. Doch wie schaffen wir es nun, unsere Gedanken stets ins Positive zu lenken? Dies könnte ungefähr so aussehen:

Zunächst stellen wir uns die Ausgangssituation vor. An welchem Punkt befinden wir uns denn gerade? Dies herauszufinden, verschafft uns schon einmal eine gewisse Klarheit, die als Ausgangsbasis dient. Auch ist es wichtig, nun die Aufgaben, die es zu erledigen gilt, niederzuschreiben und zu ordnen. Wir wollen den Aufgabenberg also übersichtlicher gestalten, um Verwirrung zu vermeiden. Verwirrung führt in vielen Fällen zur mentalen Paralyse, die uns vollkommen ausbremsen kann, wodurch es nicht mehr möglich ist, konzentriert und ordentlich zu arbeiten. Die Masse an Arbeitsaufträgen wirkt jetzt schon viel übersichtlicher, was uns einiges an Stress nimmt – denn Stress ist einer der Hauptfaktoren, die es zu vermeiden gilt, um nicht wieder ins Katastrophendenken hineinzufallen. Auch Ängste sollten notiert und besprochen werden. Sind diese rational? Kann man sie einfach beseitigen? Offene Kommunikation ist hier also gefragt, denn ohne sie können wir nicht weiterkommen. Die Angst vor Fehlern wäre dabei ein Paradebeispiel. Sie lähmt uns und bringt uns dazu, Horrorszenarien in unseren Köpfen zu kreieren. Aus diesem Grund ist es wichtig, eine Arbeitsatmosphäre zu schaffen, in der es explizit erlaubt ist, Fehler zu machen. Strafen sollten vermieden und durch Motivation und Unterstützung ersetzt werden, sodass es möglich wird, Dinge einfach auszuprobieren.

Halten wir also fest: *Best-Case-Szenarios* können nur dann entstehen, wenn wir eine Arbeitsumgebung erschaffen, in welcher es erlaubt ist, zu experimentieren und Fehler zu machen. Wir müssen uns gegenseitig unterstützen und motivieren – nicht herunterziehen oder gar beleidigen. Auch sollte stets für Ordnung und Übersichtlichkeit gesorgt werden, um Verwirrungen zu vermeiden und den Druck aus der ganzen Sache etwas herauszunehmen. Wir müssen kurz gesagt für eine Atmosphäre sorgen, in der die **positiven Assoziationen** (z. B. bezüglich eines Projektes) die negativen deutlich übertreffen, denn nur so können wir uns von limitierenden Mindsets, die uns in *Worst-Case-Szenarios* hineinkatapultieren, lösen.

Übung:

Meditation für inneren Frieden und Ausgeglichenheit

https://bit.ly/3wFIIPE

Link oder QR-Code zum Audio-Guide

METHODEN

Wir konnten bereits feststellen, dass es für die Entwicklung von Lösungsprozessen deutlich mehr als nur eine universell anwendbare Methode gibt. Problemsituationen sind komplex, kurz gesagt, und das trifft auch auf die mit ihnen verbundenen Lösungsprozesse zu. Viel zu oft konzentrieren wir uns nur auf einen Weg, anstatt auch andere Möglichkeiten in Erwägung zu ziehen. Wir treten auf der Stelle und verschließen unsere Augen, indem wir lieber weiterhin versuchen, krampfhaft eine ungeeignete Methode zwanghaft anzuwenden, anstatt auch etwas Neues auszuprobieren. Im nachfolgenden Abschnitt werden wir uns deshalb mit zahlreichen Lösungs-Methoden auseinandersetzen. Diese werden Sie rasch und effizient wieder auf den Pfad zur Lösung zurückleiten.

Ideenfindung

Manchmal gibt es diese Momente, in denen die Ideen nur so durch den Kopf schwirren. Wir denken uns kreative Lösungen aus und sind in der Lage, gut durchdachte Konzepte auf Knopfdruck zu entwickeln, welche dann im besten Fall sogar noch reibungslos funktionieren. Schön wäre es, wenn es immer so sein könnte. Kreative Trockenperioden sind allerdings nichts Ungewöhnliches, denn nicht immer fällt uns auf Anhieb etwas Großartiges ein. In dem Fall ist es daher sinnvoll, auf Strategien zur Ideenfindung zurückzugreifen, die uns den ganzen Prozess etwas erleichtern. Doch wie kann so etwas aussehen? Schauen wir uns einmal ein paar Möglichkeiten an.

Mindmaps: Mindmaps gehören zu den klassischen Methoden der Ideenfindung. Sie sind simpel in der Durchführung und ermöglichen es uns, unsere Ideen frei auszudrücken und auch neue Gedanken zu entwickeln, indem an andere Vorschläge (die bereits Teil der Mindmap sind) angeknüpft werden kann. Nehmen Sie sich einfach dazu ein Blatt Papier und einen Stift, legen Sie dann fest, welcher Oberbegriff in die Mitte der Mindmap geschrieben wird, und entwickeln Sie zuletzt Unterkategorien, die auf der Hauptthematik basieren. Nun können Sie die Mindmap mit Ihren Ideen beschriften, Gedankengänge miteinander verknüpfen und vielleicht sogar schon konkrete Lösungsstrategien konzipieren. Falls es nicht so weit kommen sollte und Sie noch keine Lösung gefunden haben, dient das Resultat der Mindmap jedoch als exzellente Grundlage für weitere Diskussionen, die den Bereich der Ideenfindung betreffen.

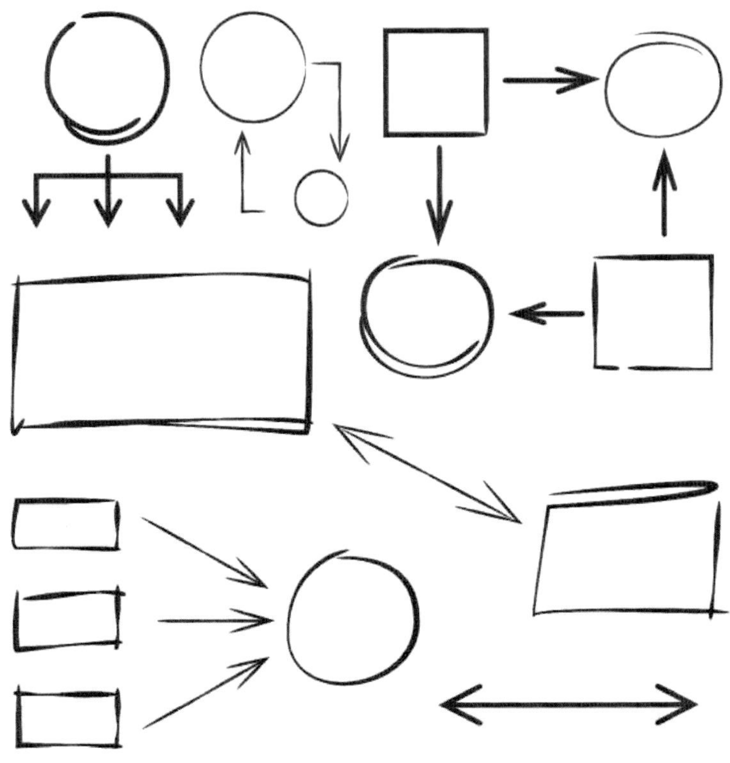

Brainwriting: Der Begriff des Brainstormings ist Ihnen bestimmt bekannt. Wir setzen uns beispielsweise an einen Tisch und tauschen unsere Ideen und Gedanken frei aus – auch dann, wenn wir noch nicht wissen, auf was wir konkret hinauswollen. Doch manchmal funktioniert dies leider nicht immer so, wie wir uns das vorstellen. Manche Menschen kommen beispielsweise entweder nicht zu Wort, sind sich nicht sicher, ob ihre Idee gut genug ist, oder können gar ihre Gedanken besser in schriftlicher Form präsentieren. Beim Brainwriting haben auch diese Menschen eine Chance, sich nun sicht- und hörbar mitzuteilen. Somit gehen keine wertvollen Ideen verloren, indem sie z. B. übersehen oder nicht rezipiert werden. Auch hier sind die einzigen Dinge, die wir benötigen, ein Blatt Papier sowie einen Stift – und dann geht es tatsächlich nur noch darum, die Ideen einfach *wild* und *(zumindest zu Beginn)* ungeordnet niederzuschreiben. Alles, was Ihnen in den Kopf kommt, darf auf dem Papier notiert werden. Natürlich können Sie auch an andere Aspekte anknüpfen, woraus wiederum weitere Ideen entspringen können. Lassen Sie also Ihren Gedanken freien Lauf und trauen Sie sich, Ihre Ideen niederzuschreiben – vielleicht ist ja etwas dabei, was uns zur Lösung führen könnte.

Ideen sammeln durch systemische Fragen: Auch in dieser Angelegenheit lassen uns die allseits bekannten systemischen Fragen nicht im Stich. In Zeiten, in denen uns unsere Kreativität gerade nicht auf Abruf zur Verfügung steht, ist ein kleiner Input teilweise unumgänglich. Manchmal reicht eine einzige Frage aus, um unsere Gedanken wieder ins Rollen zu bringen. Die Frage sollte dabei immer stets neutral formuliert (keine Wertungen und Bevorzugungen) werden und sich auf das Problem sowie das Ziel fokussieren. Doch wie können solche Fragen nun aussehen? Schauen wir uns auch das an ein paar Beispielfragen an.

„Gibt es (vorherige) Projekte oder Ideen, von denen wir uns inspirieren lassen können?" *(Hierbei sollte immer die Nähe zum Thema beibehalten werden!)*

„Wenn Sie das Ganze aus der Sicht des Kunden betrachten würden, welche Ideen kämen Ihnen dann in den Kopf? Was könnte der Kunde sich vorstellen?" (Offene Frage, betrachtet aus der Sicht des Kunden -> *Hier sollte man aber auch evtl. auf Briefings etc. zurückgreifen, falls diese vorhanden sind, um den Antwortenspielraum etwas einzuschränken und nicht zu weit auszuschweifen!)*

„Was würden Sie sich persönlich in so einer Situation wünschen?" (Offene Frage)

„Wie sieht Ihre ideale Zukunftsvorstellung aus und mit welchen Ideenvorschlägen könnte man auf diese hinarbeiten?" (Wunderfrage kombiniert mit einer offenen Frage)

Kreativitätstechniken

Wir alle besitzen ein gewisses Maß an Kreativität – auch diejenigen, die dies vielleicht gar nicht von sich behaupten würden. Diesen Menschen wird meist einfach nur der Zugang zu Ihrer eigenen Kreativität verwehrt. Denkblockaden, limitierende Mindsets oder fehlerhafte Fremdzuschreibungen führen dann zur Annahme, dass man gar keine Kreativität besäße. Doch auch hier müssen Sie sich keine Sorgen machen. Kreativitätstechniken eilen uns bei solchen Problemen zur Hilfe. Sie fördern gezielt unser kreatives Denken und Handeln und sind dabei für jeden leicht zugänglich. Auch sollte erwähnt werden, dass das Schöpfen von Kreativität auch eng mit dem bereits besprochenen Thema der Ideenfindung zusammenhängt, was äußerst praktisch ist. Somit können wir die beiden Bereiche miteinander verknüpfen und unsere Lösungsvorschläge noch weiter ausbauen. Schauen wir uns einmal ein paar Beispiele an.

Kleiner Tipp:
Gerne können Sie auch die bereits erwähnten Methoden aus dem vorherigen Abschnitt zur Generierung kreativer Ideen benutzen – diese sind nämlich äußerst vielseitig einsetzbar!

Aus diesem Grunde kann es auch teilweise zur Überlappung von gewissen Begriffen kommen, die Sie bereits schon unter Punkt a entdecken konnten – doch keine Sorge: Trauen Sie sich einfach, die verschiedensten Methoden auch bei anderen Angelegenheiten heranzuziehen – Sie können dabei eigentlich nichts falsch machen.

Brainstorming: Das Pendant zum bereits besprochenen Brainwriting möchten wir natürlich nicht außen vor lassen. Hier geht es ebenfalls darum, z. B. zu Beginn eines Prozesses erst einmal Ideen zu sammeln. Jeder darf sich beteiligen, es werden keine Ideen-Rankings erstellt und keine konkreten, festgesetzten Lösungsvorschläge konzipiert. Das nimmt den Druck aus der Situation etwas heraus, denn dieser ist oftmals einer der Hauptfaktoren, die zu Kreativitätsblockaden führen können. Zu guter Letzt werden auch hier die Ergebnisse wieder gesammelt und dienen als Ausgangsbasis und Vorschlagspool für weitere Diskussionen.

Der Ideen-Marathon: Der Ideen-Marathon ist eine Kreativitätsförderungsmethode, die im Jahr 1980 von Takeo Higuchi entwickelt worden ist und seit jeher immer mehr an größerer Popularität gewinnt. Sie basiert auf der Anlegung eines Ideentagebuchs, also einem Dokument *(dies ist vor allem bei Gruppenarbeiten vorteilhaft, da jeder in dies hineinschreiben kann, wann immer er oder sie es möchte)* oder einem physischen kleinen Heftchen, welches über einen etwas längeren Zeitraum hinweg mit Ideen gefüllt werden kann. Je mehr Ideen sich in dem Buch sammeln, desto mehr wird auch das kreative Denken angeregt. Wer weiß, vielleicht finden Sie die Gedanken Ihrer Kollegen ja sehr inspirierend oder kommen gar selber auf neue Ideen, die Sie mit den bereits bestehenden verknüpfen möchten? Der längere Zeitraum nimmt auch hier wieder den Druck aus der ganzen Sache heraus – denn wie wir bereits wissen, kann mentaler Druck die Kreativität enorm einschränken und uns gedanklich lähmen.

Systemische Fragen zur Förderung der Kreativität: Systemische Fragen, die bewusst zum Reflektieren und somit zum Schöpfen kreativer Ideen anregen, gibt es natürlich auch hier wieder in zahlreicher Ausführung. Gerade in Situationen, in denen uns keine spezielle Methode als sinnvoll erscheint, können wir mit systemischen Fragen einiges erreichen. Schauen wir uns ein paar Beispiele an, die Sie vielleicht direkt einmal austesten möchten:

„Wie würden Sie sich Ihre persönliche Traumlösung ausmalen? Beschreiben Sie die doch mal!" (Wunderfrage)

„Und was braucht man alles, um diese zu erreichen oder in die Tat umsetzen zu können?" (Offene Frage)

Falls schon ein paar Ideen genannt worden sind: „Welche Ideen finden Sie von den bereits aufgeführten besonders spannend und wie können wir nun an diese anknüpfen? Haben Sie auch vielleicht ein paar Vorschläge zur Weiterentwicklung des Gedanken?" (Offene Frage-Methoden)

Die Analyse der Problemsituation steht an einer der obersten Stellen, wenn es darum geht, neue Lösungswege zu konzipieren. Bereits als Teil der Prozessoptimierung durften wir diese Methode kennenlernen, doch natürlich ist auch sie universell einsetzbar und hilft uns dabei, Schwachstellen zu erkennen, die wir folglich ausbessern können. Unter dem Begriff der Analytik (griech. *ἀναλύειν – analyein, auflösen*) verstehen wir dabei das Auflösen eines Prozesses in seine Einzelteile und Komponenten. Wir nehmen dabei jeden Schritt unter die Lupe und schauen, ob uns etwas Besonderes dabei auffällt. Es kann sich zum Beispiel um Fehler, schlecht ausgeführte Arbeitsschritte, Vertauschungen, Verwirrungen oder gar um Probleme gänzlich anderer Art handeln, die uns auf den ersten Blick niemals ohne analytisches Handeln aufgefallen wären. Gehen wir die Methode noch einmal im Schnelldurchlauf gemeinsam durch: Während der Durchführung des Prozesses müssen wir jeden Schritt genau beobachten – fällt uns etwas Besonderes, wie z. B. bestimmte Schwierigkeiten, auf, was wir uns aufschreiben sollten? Falls ja, wollen wir dies nun herausarbeiten, sodass wir die Schwachstelle genauestens lokalisieren und definieren können.

Anhand dieser Informationen können wir mit dem Erstellen eines Lösungsplans beginnen. Die verschiedenen Ideen können wir dann erproben und – falls wir eine passende Lösung gefunden haben sollten – letztlich auch in den Arbeitsprozess implementieren, sodass dieser wieder reibungslos ablaufen kann.

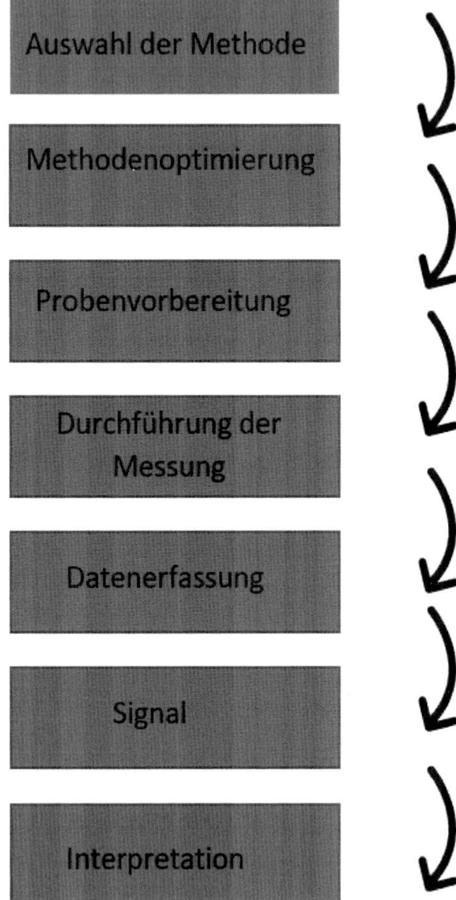

Da dies nicht immer so leicht ist, können wir hierbei auf systemische Fragen zurückgreifen, welche uns erste Denkanstöße liefern können:

- „Welcher Schritt bereitet Ihnen – wenn Sie das Ganze noch einmal durchgehen – besondere Probleme?" (Offene Frage)
- „Wie würde die Situation aussehen, wenn Sie sie ideal gelöst haben?" (Wunderfrage)
- „Kommen Sie gut mit diesem Einzelschritt klar?" (Geschlossene Frage)
- „Welcher Schritt scheint besonders holprig abzulaufen?" (Offene Frage)
- „An welchem Schritt verschwenden wir übermäßig viel Zeit?" (Offene Frage)
- „Wie würden Sie unser gewünschtes Ergebnis, welches wir mit diesem Schritt erreichen wollen, definieren?" (Lösungsorientierte Frage, evtl. auch mit Wunderfragen kombinierbar)

Um das Ganze etwas anschaulicher zu gestalten, kann man den Analyseprozess sehr gut mit chemischen Experimenten vergleichen, welche auf eine ganz ähnliche Art und Weise ablaufen und konzipiert sind. Zunächst müssen wir uns auch hierbei eine Methode (z. B. Erhitzen eines Stoffes) aussuchen, die wir benutzen wollen, um ein Ergebnis zu erhalten. Diese müssen wir dann optimieren, also an unsere individuelle Situation anpassen, indem wir z. B. in unserem Fall determinieren, wie lange wir den vorliegenden Stoff in der Flamme des Bunsenbrenners schwenken und erhitzen dürfen. Um ein korrektes Ergebnis zu erhalten und dabei gleichzeitig Gefahren zu vermeiden, muss dieser Schritt mit hoher Sorgfalt ausgeführt werden. Nachdem wir die Voraussetzungen bestimmt und geschaffen haben, wollen wir nun die Proben anfertigen. Wir mischen also alle notwendigen Stoffe zusammen und bereiten u. a. auch die benötigten Gerätschaften vor. Gemessen wird die Veränderung der Stoffe anhand der Konzentration vor und nach dem Erhitzen, weshalb wir diese zunächst einmal im unberührten Zustand messen wollen. Wir erfassen also die dementsprechenden Daten (z. B. 5 mg eines bestimmten Bestandteils vor dem Erhitzen) und notieren uns diese. Danach halten wir das mit den Stoffen gefüllte Reagenzglas unter die Flamme. Die Bestandteile sind also nun sicher erhitzt worden. Messen wir also noch einmal die Konzentration der einzelnen Komponenten. Wir können nun feststellen, dass sich der spezifische Bestandteil, der vorher in einer Menge von 5 mg vorhanden war, um ganze 3 mg verringert hat. Diese Datenveränderung wollen wir nun interpretieren, genauer gesagt also Gründe für sie und ihre Auswirkungen suchen, die uns die Funktionsweise des Experiments näher und anschaulicher erklären können.

Business-Process-Reengineering

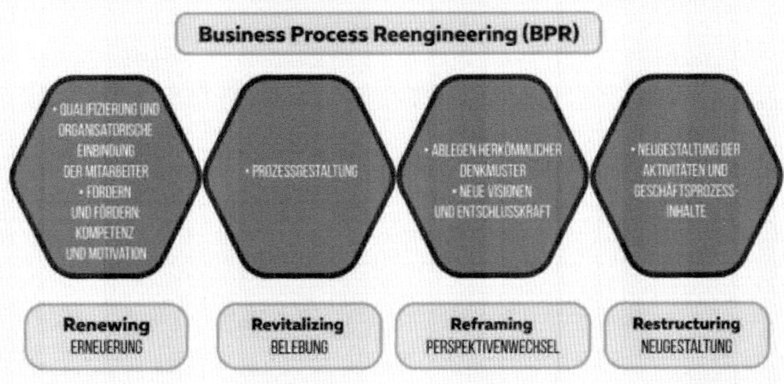

Business-Process-Reengineering bedeutet auf Deutsch etwa so viel wie *Geschäftsprozess-Neugestaltung*. Diese Methode zielt auf eine grundlegende, allumfassende Neugestaltung von Geschäftsprozessen ab. Wir tendieren oft dazu, uns nur auf unsere eigenen Aufgaben zu fokussieren, und vergessen dabei, dass es sich bei all diesen Dingen um einen Schritt in einem viel größeren, allumfassenden Prozess handelt. Es ist von äußerster Wichtigkeit, den Prozess im Hinterkopf zu behalten und alle anderen Handlungen auf diesen abzustimmen. Hier kommt nun die bereits erwähnte Methode ins Spiel.

Im Grundlegenden unterscheidet man beim Business-Process-Reengineering zwischen vier verschiedenen Unterpunkten, welche zusammen die Grundaussagen bzw. die Basis der Methode definieren. Diese wären:

1. Die Orientierung an ausschlaggebenden und wichtigen Geschäftsprozessen: Wichtige Geschäftsprozesse, die von größerer Bedeutung sind, sollten immer stets im Mittelpunkt stehen. Andere, nicht so wichtige Aspekte sollten erst einmal in den Hintergrund verlagert werden, sodass wir uns auf die, die tatsächlich relevant sind, konzentrieren können.

2. Die Ausrichtung der Prozesse an die Kundschaft: Der Kunde ist König – so lautet das Sprichwort. Deshalb sollte der Prozess immer konkret auf die Kundschaft ausgerichtet werden – denn diese gilt es natürlich, zufriedenzustellen.

3. Die Fokussierung auf die Hauptkompetenzen des Unternehmens: Das Unternehmen sollte sich auf seine Kernkompetenzen konzentrieren, die es am besten beherrscht. Den Kompetenzen und Fähigkeiten, die nicht so gut erprobt worden sind, sollte eher weniger Beachtung geschenkt werden, da die Fokussierung aufs falsche Thema uns von der Entwicklung von z. B. Lösungsstrategien abhalten könnte.

4. Die Nutzung neuster technischer Möglichkeiten zur bestmöglichen Unterstützung der Prozessoptimierungsvorgänge: Es bringt leider nicht viel, in der Vergangenheit zu schwelgen und neuere, moderne Methoden zur technischen Unterstützung bei der Prozessoptimierung außen vor zu lassen. Wenn Sie die Möglichkeit besitzen, auf effizienzsteigernde Methoden zurückgreifen zu können, sollten Sie diese auch in Anspruch nehmen. Dies vereinfacht so einige Prozesse, welche vorher viel Zeit in Anspruch genommen hätten.

Die Basisaspekte des Business-Process-Reengineering sollte man sich stets und stetig vor Augen führen und nie außer Acht lassen. Man könnte diese gar als eine Art System bezeichnen, in welchem – logischerweise – wieder einmal alles voneinander abhängt oder sich gegenseitig beeinflusst.

Zunächst einmal müssen wir festhalten, dass wir das Unternehmen von einem Konzern, der auf reine Funktionen (d. h. einzelne zusammenhangslose Aufgaben, die meist nicht gut durch durchdacht sind) fokussiert ist, in eine Firma, die sich auf zusammenhängende Prozesse und deren Optimierung konzentriert, umwandeln möchten. Dies ist sozusagen das Hauptziel der vorliegenden Methodik. Dabei sollten die oben genannten Basisaspekte immer beachtet werden.

Der Umwandlungsprozess an sich läuft in vier Phasen ab, die nach und nach zu den gewünschten Änderungen führen. Diese wären:

1. Renewing – Die Erneuerung: Die erste Phase zielt auf die konkretere Einbindung der Mitarbeiter in die Prozesse des Unternehmens ab. Jede Person muss mit jedem Prozess vertraut sein. Das ist wichtig, denn sonst sind wir nicht in der Lage, die Einflüsse unserer eigenen Arbeit im Hinblick auf das gesamte System zu beurteilen. Auch sollten organisatorische Faktoren festgelegt und geplant werden, sodass ein reibungsloser Start in die folgenden Phasen des Business-Process-Reengineerings gelingen kann. Wir schaffen uns damit also eine komplett neue (daher auch der Name der Phase) und frische Ausgangssituation – eine weiße Leinwand sozusagen, die wir nun bemalen können. Jeder sollte also jetzt wissen, was sprichwörtlich *Sache ist,* also wo er oder sie sich im gesamten Gebilde befindet und wie dieses Gebilde in seiner Gänze aussieht.

2. Revitalising – Die Revitalisierung: Phase eins hat uns also nun eine weiße, unbeschriebene Leinwand mit idealen Voraussetzungen bereitstellen können. Diese wollen wir jetzt natürlich auch bemalen! Doch bevor das geschehen kann, müssen wir uns zunächst ein Motiv – in unserem Fall sind das die Prozesse, dementsprechende Änderungen sowie sämtliche Ideen – ausdenken. Die Revitalisierungsphase haucht dem Ganzen also wieder ein wenig Leben ein, indem nun Prozesse analysiert und angepasst werden. Wir wollen uns also mit neuen Vorschlägen beschäftigen und Konzepte herausarbeiten, die uns maximale Effizienz liefern und den Erfolg steigern können. Potentiale werden also erkannt und gefördert, woraus am Ende der Phase dann handfeste Konzepte entwickelt werden können.

3. Reframing – Die Änderung der Einstellung: Wir haben uns also nun für ein Motiv – also ein besonderes Lösungskonzept – entschieden, welches wir gerne auf die Leinwand bringen würden. Bevor wir damit aber endlich beginnen können, müssen wir die Kunstschaffenden (also Ihre Mitarbeiter) zunächst aber mit den Anweisungen und Konzepten vertraut machen – sie sollen ihre Einstellung auf lange Sicht hin also an die neu formulierten Prozesse anpassen. Die Denkweisen der Mitarbeiter sollen sich nach und nach an die neuen Änderungen gewöhnen, sodass diese auch konsistent bestehen und angewendet werden können.

4. Restructuring – Die Neustrukturierung: Nun können wir die Leinwand endlich bemalen, also den Prozessablauf jetzt tatsächlich auch umsetzen und fest in den Arbeitsalltag implementieren. Genau wie im letzten Schritt der bereits besprochenen Analysetechnik sollten auch hier potenzielle Änderungen ständig beobachtet und notiert werden, sodass der Prozess im Notfall schnell angepasst werden kann.

Der Ablauf des Business-Process-Reengineering ist zwar mit hohem Aufwand verbunden, lohnt sich jedoch enorm. Manchmal ist es einfach nötig, die Dinge neu anzugehen – vor allem, wenn wir uns in Situationen befinden, die sich als verwirrend und komplex darstellen. Um den Prozess des Business-Process-Reengineering anzustoßen, können uns außerdem ein paar Fragen helfen, die wie folgt aussehen könnten:

„Wie stehen die einzelnen Aufgaben miteinander in Verbindung?" (W-Frage)
„Welche Kompetenzen und Geschäftsprozesse sind in der Hinsicht von äußerster Wichtigkeit?" (Offene Frage)
„Welche Probleme konnten identifiziert werden und wie könnte man versuchen, diese zu lösen?" (Lösungsfrage)
„Welche der Geschäftsprozesse sind eher weniger wichtig, welche müssen wir besonders in den Fokus nehmen?" (Skalierungsfrage, in der Hinsicht, dass man hier eine Art Wichtigkeitsskala erstellen muss)
„Welche Methoden gibt es, die uns bei der Einarbeitung der Prozesse in unserem Arbeitsalltag helfen?" (Offene Frage)
„Stimmen alle zu, dass hier ein Handlungsbedarf besteht?" (Geschlossene Frage)

Nach der Etablierung des Prozesses: „Welche Änderungen können wir beobachten? Fällt euch etwas Spezifisches oder Besonderes auf?" (Offene Frage) ***oder*** „Wie sieht die aktuelle Situation im Moment (*z. B. in Bezug auf die vier Basispunkte des Business-Process-Reengineering)* aus?" (Skalierungsfrage)
„Mit welchen technischen Hilfsmitteln konnten Sie bereits gute Erfahrungen im Hinblick auf die Effizienzsteigerung machen? Denken Sie, dass diese auch für den Einsatz in unserem Gebiet geeignet sind? Wenn ja, wieso? (Offene Frage)

Total Quality Management

Das Total Quality Management – auf Deutsch so viel wie (all)umfassendes Qualitätsmanagement – ist eine Methode zur langfristigen Gewährleistung von Kundenzufriedenheit. Die Kundschaft steht immer im Mittelpunkt. Schließlich ist es unsere Aufgabe, den Kunden mit unserer Arbeit zufriedenzustellen. Jedoch ist dies manchmal keine intuitive Angelegenheit, an der alle Mitarbeiter immer aktiv beteiligt sind – manchmal ist es notwendig, sich eine bestimmte Hilfstaktik anzueignen, die uns beim Managen der Qualitätsprozesse unterstützt. Hier kommt das Total Quality Management ins Spiel, das durch die Verbesserung der Prozesse in den Bereichen der Produkte, der Arbeitsatmosphäre und der Dienstleistungen zu einer höheren Kundenzufriedenheit führen kann.

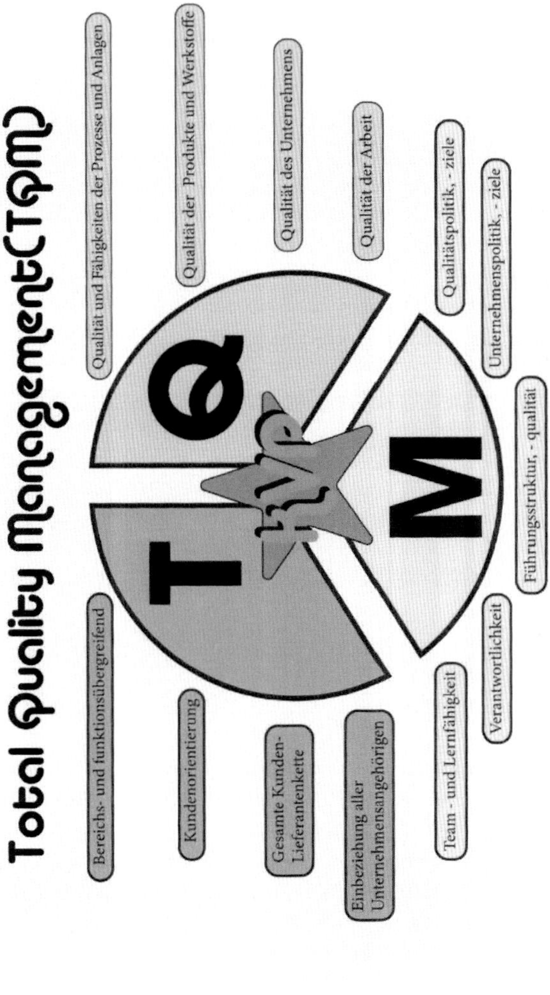

Total Quality Management(TQM)

T

Bereichs- und funktionsübergreifend

Kundenorientierung

Gesamte Kunden-Lieferantenkette

Einbeziehung aller Unternehmensangehörigen

Q

Qualität und Fähigkeiten der Prozesse und Anlagen

Qualität der Produkte und Werkstoffe

Qualität des Unternehmens

Qualität der Arbeit

M

Team - und Lernfähigkeit

Verantwortlichkeit

Führungsstruktur, - qualität

Unternehmenspolitik, - ziele

Qualitätspolitik, - ziele

Diese Form des Prozessmanagements basiert auf acht Säulen, die alle von äußerster Wichtigkeit sind. Vor allem in Kombination mit klug angewandten systemischen Fragestellungen können sie uns sehr effizient bei der Verbesserung und Optimierung von Prozessen helfen. Diese lauten wie folgt:

1. Kundenorientierung: Der Kunde ist immer die oberste Instanz, welche am Schluss über die Qualität eines Projektes urteilen darf. Egal, was geschieht – der Kunde hat das letzte Wort. Es ist verständlich, wenn dies vielleicht etwas kontraproduktiv klingen mag (z. B. bei fragwürdigen Entscheidungen), jedoch sollten die Urteile der Kundschaft immer respektiert werden. Fragen Sie Ihren Kunden demnach immer nach der Zufriedenheit und fordern Sie ihn dabei zusätzlich zur konkreten Schilderung von Kritik oder Vorschlägen auf.

Beispielfragen:
„Könnten Sie uns bitte die Aspekte nennen, die Ihnen entweder sehr gut oder sehr schlecht gefallen?" (Offene Frage)
„Haben Sie noch Wünsche, welche wir auf jeden Fall inkludieren sollten?" (Offene Frage)
„Sind Sie mit den Änderungen, die wir vornehmen wollen, einverstanden?" (Geschlossene Frage)

2. Inklusion aller Mitarbeiter: Alle Mitarbeiter sollten stetig und mit einem Gefühl des Zusammenhalts auf ein gemeinsames Ziel hinarbeiten. Dies ist wichtig, denn nur mit einer hohen Kooperationsbereitschaft können wir als Team eine Lösung herausarbeiten, die sich durch ein hohes Erfolgs- und Effizienzpotential auszeichnet. Die Arbeitsatmosphäre sollte demnach angenehm und entspannt sein, wodurch sowohl Druck und Angst als auch Stress abgebaut werden können.

Beispielfragen:
„Gibt es gewisse Dinge, die Ihnen in Bezug auf die Arbeit Angst oder Stress bereiten?" (Verhaltens- und Situationsfrage)
„Welche Aufgaben bereiten Ihnen auf einer Skala von eins bis zehn besonders viel Stress?" (Skalierungsfrage)
„Was können wir tun, um die Arbeitsatmosphäre zu verbessern?" (Offene Frage, gekoppelt mit einer Verhaltens- und Situationsfrage)
„Wie würden Sie unser gemeinsames Ziel beschreiben? Können Sie sich ein Bild davon machen?" (Wunderfrage)

3. Prozesszentrierung: Bereits öfters haben wir herausstellen können, dass die Fokussierung auf das gesamte System der isolierten Betrachtung einzelner Aspekte und Schritte vorzuziehen ist. Der Prozess sollte also stets in seiner Gänze betrachtet werden. Wenn es um die Analyse von Schwachstellen geht, ist es natürlich sinnvoll, sich im Hinblick auf die Problemsuche mit den einzelnen Schritten zu beschäftigen, was jedoch nicht überhandnehmen darf. Im Endeffekt ist es also immer der ganze Prozess, bestehend aus einem komplexen Netz und systemischen Verbindungen, der letztlich zählt. Die Beobachtung (auch auf z. B. geschäftliche Trends und nicht nur firmeninterne Änderungen bezogen) und Sicherstellung reibungsloser Abläufe sollten immer im Mittelpunkt stehen.

Beispielfragen:
„Läuft der Prozess weitgehend reibungslos ab?" (Geschlossene Frage)
„Wie effizient ist der Prozess im Vergleich zu anderen Prozessen, welche in der Vergangenheit gut funktioniert haben?" (Lösungsorientierte Frage in Kombination mit einer W-Frage)
„Welche Trends aus der freien Wirtschaft könnten unseren Prozess beeinflussen?"
„Wie entwickelt sich der Prozess im Laufe der Zeit?"

4. Beachtung systemischer Verbindungen: Man kann es nicht oft genug wiederholen: In einem System hängt alles voneinander ab. Keine Sparte darf dabei vernachlässigt werden, denn nur, wenn harmonische Beziehungen zwischen allen Aspekten eines Systems bestehen, kann dieses aufrechterhalten werden. Das ist hier natürlich auch der Fall – und auch hier gibt es systemische Fragen, die wir uns selbstverständlich zur Überprüfung des Systemzustands stellen können.

Beispielfragen:
„Achten wir alle auf funktionierende Zusammenarbeit?" (Verhaltens- und Situationsfrage, ggf. auch geschlossene Frage, falls wir die Situation schon gut einschätzen können)
„Sind wir uns über die aktuell vorherrschenden Beziehungen *(sowohl systembezogen als auch menschlich)* bewusst?" (Geschlossene Frage)
„Welche Einflüsse üben die einzelnen Systemkomponenten aufeinander aus?" (W- Frage)

5. Strategisch-systematische Vorgehensweisen: Handlungen sollten im Hinblick auf das Prozessmanagement niemals zufällig oder zu spontan durchgeführt werden. Um die korrekte Funktion eines Systems zu gewährleisten, müssen Handlungen also vorsichtig und strategisch geplant werden, bevor man diese in den Prozess integrieren kann. Die Konzipierung von bestimmten Schrittfolgen sollte stets auf einer logischen Basis fußen. Um dies zu vereinfachen, können wir auch hier wieder systemische Fragen einbinden:

Beispielfragen:
„Gehen wir den Prozess einmal durch. Ergibt die Reihenfolge Sinn und basiert diese auf Logik?"
„Haben wir uns genug Gedanken über unser Vorhaben gemacht?" (Geschlossene Frage)
„Könnte es sein, dass wir vielleicht *(falls ein Problem vorliegen sollte)* etwas zu voreilig gehandelt haben?" (Musterfrage)
„Was müssen wir alles bei der Planung und Durchführung unseres Vorhabens beachten?" (Offene Frage, evtl. auch Verhaltens- und Situationsfrage)

6. Kontinuierliche Verbesserungen: Es ist von größter Wichtigkeit, immer nach Verbesserungen zu streben und das Potential verschiedenster Ideen und Impulse auszuschöpfen. Aus diesem Grunde sollten Prozesse kontinuierlich im Hinblick auf sämtliche Änderungen (Markt, interne Unternehmensabläufe, Richtungs- und Zieländerungen etc.) beobachtet werden. Dies ermöglicht schnelle Eingriffe in den Prozessablauf und somit auch ein besseres Prozessmanagement. Behalten Sie also stets alles kontinuierlich im Auge.

Beispielfragen:
„Wie effizient bewegen wir uns gerade auf unser Ziel zu? Wären vielleicht ein paar Änderungen angebracht?" (Verhaltens- und Situationsfrage)
„Welche Aspekte des Prozesses können wir noch aktiv ausbessern?" (Lösungsorientierte Frage)

7. Faktenbasiertes Treffen von Entscheidungen: Durch bloßes Raten und Schätzen ist es in der Regel nicht möglich, erfolgreich Eingriffe im Prozess vorzunehmen. Lieber sollten wir auf daten- und faktenbasierte Analyseergebnisse bzw. Statistiken zurückgreifen, welche uns mit klaren Aufschlüssen und belegbaren Informationen beliefern. Im besten Fall führen wir dabei sogar eigene Befragungen oder Studien durch. Die Ergebnisse solcher Vorhaben dienen dann als Basis für wichtige Entscheidungen, welche man ohne jene Informationen nicht spontan hätte treffen können.

Beispielfragen:
„Welche vorliegenden Informationen sprechen für die Durchsetzung der vorgenommenen Änderung, welche eher dagegen?" (Offene Frage, sollte jedoch mit einer ordentlichen Begründung verbunden werden)
„Welche Informationen und Daten benötigen wir für die Konzipierung eines z. B. Lösungsprozesses?" (Offene Frage, sollte jedoch auch möglichst auf Logik basieren)
Falls das Projekt z. B. schon seit längerer Zeit laufen sollte: „Haben die Änderungen bereits irgendwelche Auswirkungen auf das System gehabt?" (Geschlossene Frage)

8. Effiziente Kommunikation: Gute Kommunikation ist das *A und O* in einem funktionierenden System. Sie stellt sicher, dass z. B. keine Missverständnisse entstehen, zwischenmenschliche Beziehungen stets von Harmonie geprägt sind oder Informationen rasch verbreitet werden können. Auch wirkt sich die Kommunikation auf Prozessabläufe aus, da diese eine durchgehende Verständigung zwischen allen Teilen des Systems voraussetzen.

Beispielfragen:
„Ist jeder auf demselben Stand was das Projekt und die zugehörigen Aufgaben angeht?" (Geschlossene Frage)
„Wissen alle, wer für was verantwortlich ist?" (Geschlossene Frage)
„Updated ihr euch regelmäßig über neue Änderungen?" (Geschlossene Frage)
All diese Dinge machen das Total Quality Management aus. Das sind ganz schön viele Unterpunkte, nicht wahr? Doch genau darauf wollen wir beim Total Quality Management hinaus. Man hört es ja schließlich schon am Namen der Methodik. Wir wollen eine umfassende, *totale* Anpassung und Änderung der Prozesse durchführen, um den Kunden stets beste Ergebnisse bereitstellen zu können.

Lean Production – Lean Management

Wenn wir die Begriffe der *lean production* und des *lean management* ins Deutsche übersetzen, bedeuten diese in etwa *schlanke Produktion* und *schlankes Management*. Doch was verstehen wir genau unter diesen abstrakt klingenden Formulierungen?

> *Lean Management* ist eine (mentale) Unternehmenseinstellung, welche auf die maximale Optimierung aller relevanten Prozesse abzielt. Dinge, die uns stören oder sich in der Wichtigkeitshierarchie weiter unten befinden, sollen dabei aus dem Weg geschafft werden, sodass ein Raum entstehen kann, in dem sich Prozessabläufe erfolgreich entfalten und entwickeln können.

Die *lean production* ist ein wichtiger integraler Teil des *lean managements* und hat ihre Uhrsprünge in der Firma Toyota, die damals eifrig an einer Methode arbeitete, welche sich als sowohl zeit- als auch ressourcensparend herausstellte und dabei maximale Erfolge erzielt. Umgangssprachlich könnte man dieses Vorgehen als eines, das *auf den Punkt kommt*, bezeichnen.

Die Priorisierung von Aufgaben und Handlungen steht dabei logischerweise an oberster Stelle. Um dieses Vorhaben in die Tat umzusetzen, steht uns eine Vielzahl an Methoden als Hilfsmittel bereit. Die meisten dieser Methoden sind glücklicherweise auch sehr simpel in puncto Durchführung und dem damit verbundenen Aufwand. Beispielsweise können Sie Listen erstellen, auf welchen Sie sich ganz schlicht und einfach die Aspekte, die Ihnen wichtig erscheinen, notieren dürfen. Doch auch systemische Fragen kommen hier wieder ins Spiel. Schauen wir uns ein paar Beispiele an:

- „Welche Aspekte sind von hoher Wichtigkeit (zum Beispiel, wenn man diese auf einer Skala anordnen würde) und vor allem auch, warum?" (Skalierungsfrage)
- „Welchen Bereichen dürfen wir ruhig weniger Aufmerksamkeit schenken in punkto und weshalb würden Sie diese weiter unten auf die Prioritätsskala setzen?" (Skalierungsfrage)
- „Wie würden Sie die Aufgaben priorisieren? Erstellen Sie doch eine Rangskala!" (Skalierungsfrage)
- „Welche Faktoren empfinden Sie als störend, hindernd oder unnötig?" (Offene Frage)
- „Und welche Faktoren würden Sie als fördernd oder positiv bezeichnen?" (Offene Frage)
- „Wodurch verschwenden wir besonders viel Zeit oder Ressourcen?" (z. B. Konzentrationsfähigkeit durch den Fokus auf ein nebensächliches Thema) (Musterfrage, da wir uns die spezifischen Ablaufmuster anschauen wollen, jedoch auch Verhaltens- und Situationsfrage)

Wir können zu guter Letzt also festhalten, dass sowohl das *lean management* als auch die *lean production* als wichtige Hilfsmittel für die zielgerichtete Etablierung von reibungslosen und kundenorientierten Prozessen anzusehen sind. Solche Vorgehensweisen bringen uns in verwirrenden bzw. unübersichtlichen Situationen wieder auf den Boden der Tatsachen zurück, wodurch es uns ermöglicht wird, strebsam und mit klarem Kopf weiter an der Optimierung wichtiger Prozesse zu arbeiten.

LEAN
MANAGEMENT
VERMEIDUNG VON VERSCHWENDUNG UND BLINDLEISTUNG
REDUKTION VON FEHLLEISTUNGEN UND FEHLERKOSTEN
EFFIZIENTE NUTZUNG VON RESSOURCEN UND KAPITAL
VERMEIDUNG VON ENGINEERING IN PRODUKTEN
NIEDRIGE HIERARCHIE-EBENEN UND KONTINUIERLICHE VERBESSERUNG
Schlank - Effizient - Flexibel - Gesund?

Six Sigma

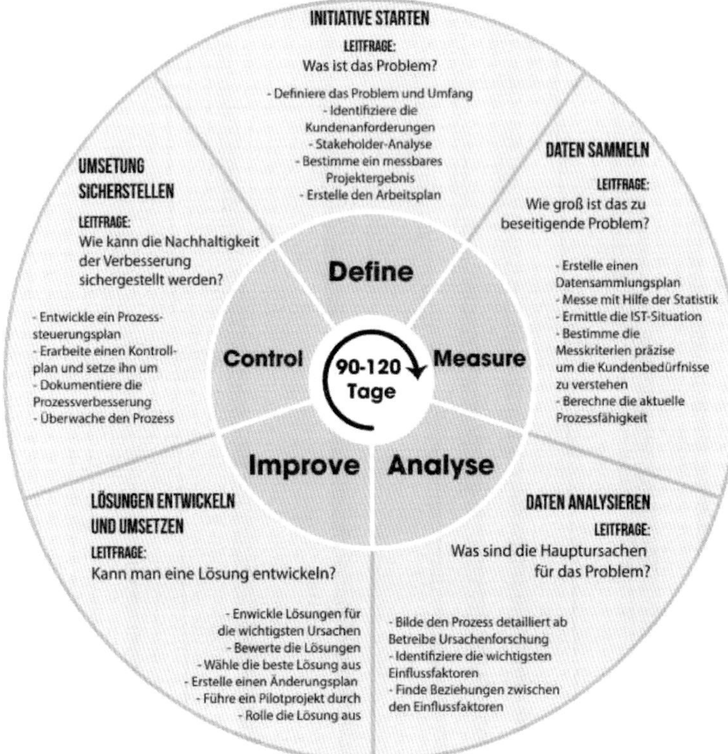

Zahlen und Fakten spielen bei der Optimierung von Prozessen eine bedeutende Rolle. Diese Tatsache haben wir im Laufe des Buches schon mehrmals angesprochen, doch nun wollen wir sie noch einmal genauer unter die Lupe nehmen – und zwar mithilfe der Six-Sigma-Methode. Doch wofür steht dieser abstrakt klingenden Name denn nun?

Der Buchstabe Sigma stammt aus dem Altgriechischen und wird nicht nur im schriftbezogenen, sondern auch im mathematischen Kontext verwendet. Dort symbolisiert er die Standardabweichung von einem festgelegten Mittelwert. Der Mittelwert ist in unserem Falle z. B. ein angestrebtes, messbares (z. B. durch Datenerhebung) Ziel, welches es zu erreichen gilt. Die Abweichungen von diesem Punkt geben uns demnach Aufschluss darüber, ob und wie weit wir vom Ziel entfernt sind oder ob wir dies vielleicht sogar schon erreicht bzw. überschritten haben.

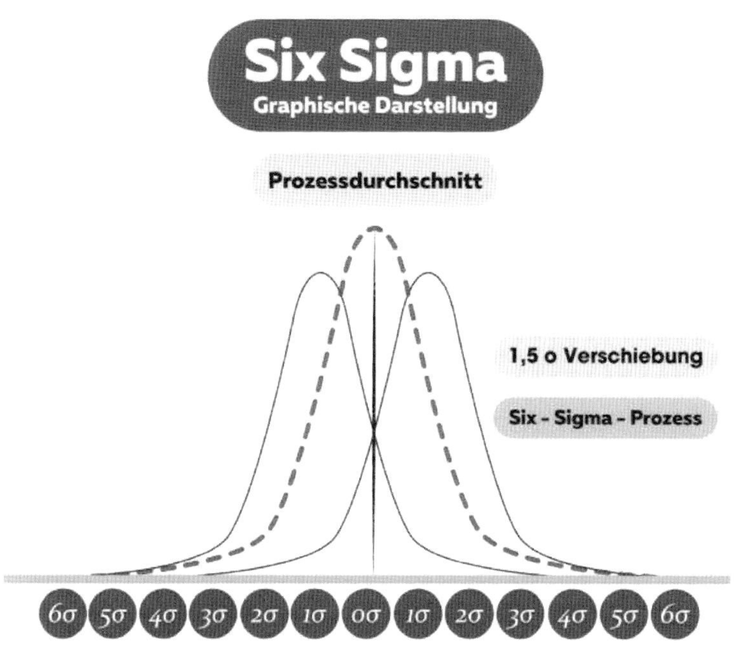

Halten wir also fest, dass die Abweichung demnach entweder positiv (*Ziel überschritten*), negativ (*Ziel noch nicht erreicht*) oder neutral (*Ziel erreicht*) ausfallen kann. Solche Abweichungen können wir an konkreten Daten feststellen, die zum Beispiel durch Statistiken oder Umfrageergebnisse entstanden und eindeutig (z. B. Prozent- oder Mengenangaben) messbar sind. Auch bei der Beurteilung der Effizienz eines Prozesses kann die Six-Sigma-Methode eingesetzt werden. Hier wollen wir uns nun die Abstände zwischen den einzelnen Daten anschauen und auf Basis dieser Zahlen den Streuungswert bestimmen, welchen wir dann mit dem Mittelwert (im Hinblick auf die Anweisung von diesem) vergleichen wollen. Eine hoher Streuungswert bedeutet, dass wir noch weit vom Ziel entfernt sind, ein niedriger signalisiert wiederum, dass wir diesem doch schon sehr nah kommen konnten. Wir merken uns also: Je niedriger der Streuungswert, desto besser. Ein Wert von null wäre hierbei demnach der absolute Idealfall. Die Six-Sigma-Methode kann in sämtliche Bereiche des Prozessmanagements integriert werden – sie ist universell einsetzbar und beliefert uns mit Informationen über gut messbare Faktoren zur Erfolgsbestimmung (z. B. Kundenzufriedenheit, Effizienz, Zeitaufwand etc.).

Nachdem wir uns mit den funktionalen Grundlagen beschäftigt haben, wollen wir uns nun den konkreten Durchführungsphasen dieser Methode widmen. Insgesamt lassen sich diese in fünf Schritte aufteilen, welche aus als DMAIC-Cycle bezeichnet werden. DMAIC steht dabei für die Anfangsbuchstaben der einzelnen Schritte.

D – *define*: Zunächst wollen wir das Problem definieren. Was ist es also, das wir verbessern wollen? Und wie sieht unser Ziel aus? Wie lässt sich dieses Ziel messen? Hierbei kann auch bereits die Frage nach der Art der Datenerhebung gestellt werden, die ausschlaggebend für die Generierung verwendbarer Daten ist (z. B. Prozentzahlen anstatt nur bloße Schilderungen von Meinungen).

M – *measure:* Nun wollen wir die Performance des Prozesses, mit welchem wir das Problem lösen wollen, messen. Wir erheben also nun die Daten mit der passenden Methode und bestimmen somit später die Streuung der Ergebnisse ausgehend vom vorher bestimmten Mittelwert. Stellen könnten wir uns zum Beispiel folgende Fragen: Wie lautet der Mittelwert? Welchen Streuungswert konnten wir berechnen? Wie groß sind denn nun die Schwankungen im Hinblick auf den Mittelwert? Welche Schwankungen sind noch tolerierbar? *(Bsp.: Der Mittelwert liegt bei 0, der Streuungswert bei 2. Schwankungen im Bereich +/- 3 sind akzeptabel, weshalb 2 in Ordnung ist.)*

A – *analyse:* Nachdem wir nun die Streuung, also unsere Entfernung vom Ziel, berechnet haben, müssen wir uns nun mit den Gründen für diese Abweichungen beschäftigen. Wir wollen also nun sämtliche Probleme durch eine gezielte Analyse aufdecken. Verwenden Sie hierzu die bereits angesprochenen Analysetechniken und die damit verbundenen Fragen, um möglichst klare Ergebnisse zu erzielen.

I – *improve:* Nun möchten wir logischerweise auch eine Verbesserung herbeiführen. Kreativität und Ideenreichtum sind demnach die wichtigsten Faktoren des *Improvement*-Schritts, denn durch diese fällt uns die Konzipierung von Optimierungsschritten deutlich leichter. Was genau wollen wir verbessern? Welche Methoden würden sich als sinnvoll erweisen? Welche haben sich vielleicht schon als erfolgreich in der Vergangenheit herausgestellt? All diese Fragen sollten wir uns in einer solchen Lage stellen. Nachdem wir nun eine Methode herausgearbeitet haben, müssen wir diese nun auch in den Arbeitsprozess einbauen, sodass wir ihre Effizienz im nächsten Schritt überprüfen können.

C – *control:* Wenden wir nun unsere überarbeitete Methode an und vergleichen die neuen Ergebnisse mit unseren alten Messwerten. Unser Ziel ist es, die Streuung so gering wie möglich zu halten. Stellen wir uns also vor, dass der Wert null ideal sei. Vor der Optimierung betrug dieser jedoch 19 – ein deutlicher Abstand, den es zu verringern gilt. Stellen wir uns vor, dass unser Toleranzbereich nun wieder +/- 3 beträgt. Alle Werte, die in diesen Bereich fallen, sind also in Ordnung. In diesem Rahmen wollen wir uns bewegen. Bei der Berechnung erhalten wir einen Wert von 2,3. Das ist schonmal ein guter Anfang. Theoretisch hätten wir unser Ziel erreicht. Wer mag, kann versuchen, sich nun immer weiter durch kleine Änderungen und Überprüfungen dem Idealwert zu nähern.

KVP

Die Abkürzung *KVP* bedeutet *kontinuierlicher Verbesserungsprozess*. Ein relativ selbsterklärender Name, nicht wahr? Das Streben nach kontinuierlichen Verbesserungen ist *der* Grundpfeiler des erfolgreichen Prozessmanagements – denn ohne eine optimistische und ehrgeizige Einstellung fällt es uns schwer, zielgerichtet an neuen Lösungsstrategien zu arbeiten. Doch was verstehen wir nun genau unter einem *KVP*?

Zusammengefasst handelt es sich hierbei um verschiedene Methoden, die uns bei der Ausbesserung diverser Prozessabläufe zur Seite stehen. Dabei werden vor allem die Aspekte der Kundenzufriedenheit, der Qualität, der Entwicklungsprozesse sowie des Ressourceneinsatzes in den Fokus gerückt. Auf Zusammenhänge im System wird stets geachtet.

Der KVP lässt sich dabei in vier Stufen einteilen, auf die sich Antworten mithilfe von systemischen Fragen leicht finden lassen:

1. Definition: Was ist unser Ziel und wie lässt sich dieses definieren? Mit welchen Ressourcen können wir das Ganze angehen? Wie viel Zeit wird benötigt und wer ist für was denn überhaupt zuständig?

2. Analyse: Wie laufen die Prozesse im jetzigen Zustand ab? Sind sie effizient oder eher hindernd? Was fällt uns besonders (z. B. an Schwierigkeiten) auf? Was läuft eventuell sogar ganz gut und könnte beibehalten werden? Was müssen wir auf jeden Fall verbessern?

3. Auswertung im Hinblick auf das Ausgangsziel: Inwiefern konnten wir uns bereits dem Ziel nähern? Was lief dabei rund, was ging eher schief? Sind wir mit größter Effizienz (z. B.im Hinblick auf Zeit und Ressourcen) an die ganze Sache herangegangen?

4. Anpassungen: Welche Anpassungen müssen wir vornehmen, um unser Ziel zu erreichen? In welchen Teilbereichen sind Anpassungen besonders notwendig? Wie gehen wir dabei am besten und strategischsten vor? Sollten vielleicht sogar die Ziele – falls diese z. B. schwer zu erreichen sind – angepasst werden?

Die KVP-Methode ist zwar nicht so ausführlich wie andere, vergleichbare Taktiken, jedoch immer noch äußerst effizient und universell einsetzbar. Sie hilft uns schnell und verlässlich weiter, indem wir durch das gut durchdachte Beantworten solcher Fragen schnell Informationen über die aktuelle Situation bezüglich des Prozessablaufes generieren können.

5S-Methode

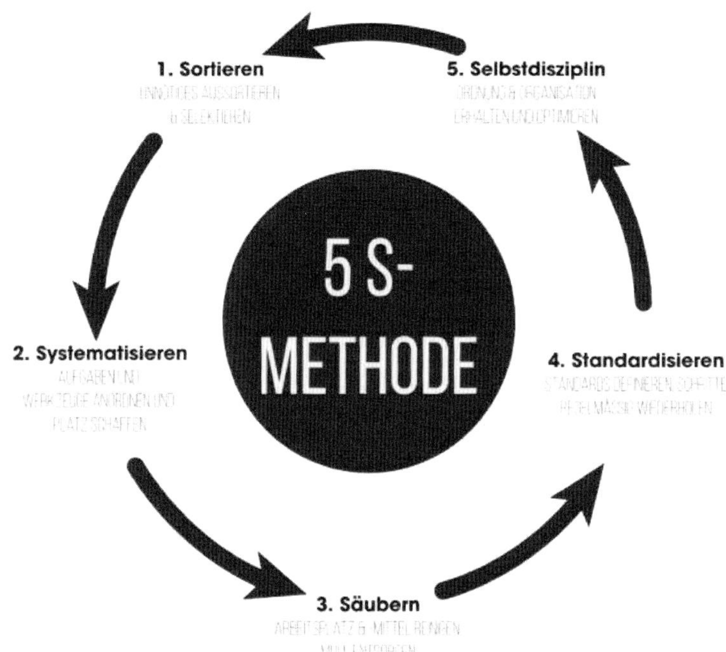

Wollen wir uns zu guter Letzt mit der 5S- Methode beschäftigen. 5S steht für die japanischen Begriffe *Seirii, Seiton, Seiso, Seiketsu* sowie *Shitsuke.* Auf Deutsch übersetzt bedeuten diese Begriffe in etwa selektieren, systematisieren, säubern, standardisieren und sichern. Bevor wir auf die einzelnen Terme weiter eingehen, müssen wir uns zunächst jedoch mit dem Zweck und dem Ziel der Methode auseinandersetzen.

> Das Ziel der 5S-Methode ist die Erschaffung einer Arbeitsumgebung, in der Prozesse optimal ablaufen können.

Alle Beteiligten können sich in einer entspannten Atmosphäre erfolgreich selbst entfalten und stetig an der Verbesserung ihrer Fähigkeiten arbeiten. Dabei werden alle Ressourcen effizient genutzt und nicht unnötig verschwendet. Klingt relativ simpel, oder? Tatsächlich ist die Methode gut und einfach in der Praxis umsetzbar – denn dazu müssen wir nur die mit den Begriffen verbundenen Schritte ausführen.

Seirii – Selektieren: Zunächst müssen wir alle Elemente und Störfaktoren eliminieren, die uns aktiv vom Ziel ablenken oder abhalten. Wir fragen uns also: Welche Ressourcen benötigen wir tatsächlich? Worauf lohnt es sich, den Fokus zu legen? In welchen Bereichen müssen wir welche Ressourcen einsetzen? Welche Aspekte können wir etwas vernachlässigen?

Seiton – Systematisieren: Nachdem wir geklärt haben, wie wir mit welchen Ressourcen umgehen wollen, ist es an der Zeit, die Arbeitswerkzeuge, die mit diesen in Verbindung stehen, zu ordnen – wir wollen sie also in ein System bringen. Jedem Werkzeug wird ein bestimmter Platz und eine bestimmte Funktion zugewiesen. Beispielsweise könnten wir die Fähigkeit des logischen Denkens auch als Werkzeug bezeichnen. Diese können wir bei mathematischen Aufgaben *(also am passenden Platz)* verwenden, jedoch eher weniger in Bereichen, die künstlerisches Talent voraussetzen – hier wäre das Werkzeug am falschen Platz! Um Verwirrungen zu vermeiden, sollten all unsere Tools folglich an ihrer designierten Stelle eingesetzt werden.

Seiso – Säubern: Der Arbeitsplatz muss regelmäßig aufgeräumt werden – das gilt sowohl für die physische Umgebung als auch für die gedankliche. Ein unordentlicher Arbeitsplatz ist nahezu ein Nährboden für schlecht ablaufende Prozesse. Alles *fliegt in der Gegend herum,* niemand weiß, was zu tun ist, und im schlimmsten Fall gehen uns gar wichtige Dokumente verloren! Achten Sie also stets auf eine ordentliche Umgebung, indem Sie z. B. Dokumente stets in eine logische Reihenfolge bringen oder Ihre potenziell rasenden Gedanken durch u. a. Meditationsübungen etwas zähmen.

Siketsu – Standardisieren: Standards, an denen sich alle orientieren können, sind ein äußerst hilfreiches Mittel zur Vereinheitlichung von Abläufen und Beurteilungen der Arbeitsqualität. An sie können sich die Mitarbeiter immer richten. Verwechslungen, Unsicherheiten oder Verwirrungen können dadurch erfolgreich vermieden werden, wodurch wir sowohl Zeit als auch Ressourcen einsparen bzw. gezielter verwenden können. Beispiel: An einem idealen Arbeitstag sollen zwei neue Designs für eine Werbekampagne entstehen. Mitarbeiter, die zuvor den Aufwand schlecht einschätzen konnten, können sich durch das vorgegebene Ziel nun ein Bild von den zu bewältigenden Aufgaben machen.

Shitsuke – Sichern/Selbstdisziplin: All diese Verbesserungen wollen wir logischerweise auch nachhaltig und effektiv beibehalten. Da jedoch auch Veränderungen auftreten können, welche wiederum mit neuen Anpassungen verbunden sind, müssen wir den 5S-Prozess regelmäßig wiederholen. So stellen wir fest, an welchen Stellen wir auf welche Art und Weise eingreifen sollten, um durchgehenden Erfolg und reibungslose Abläufe zu gewährleisten.

Der 5S-Prozess verdeutlicht, wie wichtig die konstante Beobachtung von Prozessen und das durchgehende Streben nach Besserung und Erfolg ist. Aufmerksamkeit und Disziplin stellen nahezu eine Garantie für hochqualitatives Prozessmanagement dar und sollten ergo in alle Sparten Ihres Arbeitsumfeldes einfließen.

Die 3 Mu: Was uns am Erfolg hindert

Die sogenannten „3 Mu" stehen für die drei Hauptursachen, die Menschen am Erfolg hindern. Sie stehen für Muda (Verschwendung), Muri (Überlastung) und Mura (Abweichung). In diesem Kapitel lernen Sie die drei Mu kennen und verstehen. Das Wissen über die Dinge, die uns am Erfolg hindern, verhilft Ihnen dabei, sie effektiver zu beseitigen und vorbeugend zu agieren.

Muda – Verschwendung

Muda umfasst sieben grundlegende Prozessverschwendungen. Die Verschwendung wird als höchste Verlustquelle bezeichnet. Sie ist gleichzeitig die offensichtlichste Verlustquelle – jeder kann sich sofort denken, dass Verschwendung für Erfolg hinderlich ist. Die sieben identifizierten Prozessverschwendungen lauten wie folgt:

1. Überproduktion
2. Wartezeit
3. Überflüssiger Transport
4. Ungünstiger Herstellungsprozess
5. Überhöhte Lagerhaltung
6. Unnötige Bewegung
7. Herstellung fehlerhafter Teile

Die Verschwendung bezeichnet vorwiegend nicht werterhöhende Tätigkeiten. Auch wenn sich diese Begriffe zunächst auf den Business-Bereich beziehen, ist schnell klar, dass Ähnliches auch für jedermanns Alltag gilt. Verschwendung sorgt in allen Lebens- und Wirkungsbereichen dafür, dass Ressourcen an Stellen verbraucht werden, an denen sie keinen Effekt haben, und dann an anderer Stelle fehlen, wo sie hätten sinnvoll eingesetzt werden können.

Versuchen Sie zunächst, zu identifizieren, wo Ihnen Verschwendung begegnet. Sicherlich fallen Ihnen sofort unnötige Wartezeiten ein, die Sie sinnvoller nutzen könnten. Auch unnötige Bewegung oder Transport fallen Ihnen sicherlich schnell ein. Versuchen Sie das Erkennen der Verschwendungsquellen anhand eines simplen Beispiels: Nehmen Sie sich einen Moment Zeit und denken Sie an den gestrigen Tag.

In welchen Momenten hatten Sie das Gefühl, Sie verschwenden Ressourcen?
Beispielsweise, weil Sie unnötige Wege gegangen sind, Transportkosten hatten, die nicht notwendig waren, Zeit und Energie in Dinge gesteckt haben, die sich nicht gelohnt haben?

Es muss sich dabei nicht sofort um Momente handeln, die zu den hier definierten sieben Quellen passen. Hauptsache, Sie erkennen erst einmal, wie häufig Sie Ressourcen besser hätten einsetzen können. Gehen Sie anschließend noch weiter in die Woche zurück und denken Sie an Situationen der letzten drei Tage. Schreiben Sie stichpunktartig alles nieder.

Muri – Überlastung

Die zweite große Kategorie lautet Überlastungen (Muri). Im Arbeitsumfeld geht es dabei vor allem um personelle Überbeanspruchungen, die dafür sorgen, dass Arbeitskräfte übermüdet und gestresst sind. Dies schadet dem allgemeinen Betriebsklima und sorgt für eine Fehlerzunahme. Dadurch entstehen weitere Verluste. Unterschieden wird meistens zwischen Überlastungen des Handhabungsprozesses und Überlastungen des Herstellungsprozesses. Verluste im Handhabungsprozess basieren auf der psychischen und physischen Überlastung der Mitarbeiter. Das ist beispielsweise der Fall, wenn zu viele Überstunden verlangt werden, der Arbeitsaufwand zu hoch ist oder den Mitarbeitern anderweitig zu viel abverlangt wird. Überlastungen im Herstellungsprozess entstehen beispielsweise dadurch, dass Arbeitstakte fehlerhaft ermittelt werden, Werkzeugwechsel nicht richtig koordiniert wird oder nicht ausreichend Maschinen und Werkzeuge zur Verfügung stehen. Dadurch entstehen schnell Störungen im Produktionsablauf, die wiederum ebenfalls zu Stress und Verlusten führen. Durch Maßnahmen, die das Betriebsklima stützen und ausreichend Pausen einräumen, durch gut geplante Herstellungsprozesse und ähnliche Methoden können Überlastungen verhindert werden.

Wie oft haben Sie schon Stress gespürt, weil Sie zu viele Aufgaben innerhalb eines kurzen Zeitrahmens zu erledigen hatten?

Wie oft haben Sie sich durch Ihre Mitarbeiter / Chefs überfordert gefühlt?

Wie oft hatten Sie das Gefühl, Sie konnten Dinge nicht erledigen, weil die Schlange vor dem Kopierer etc. zu lang war?

Maßnahmen, wie zu lernen, Nein zu sagen oder den Tag gut zu strukturieren, und sogar die Anschaffung neuer Geräte und Werkzeuge können dem Abhilfe schaffen. Nehmen Sie sich auch an dieser Stelle einen Moment Zeit und überlegen Sie, wo und wann Sie sich zuletzt überlastet gefühlt haben.

In welchen Situationen hatten Sie das Gefühl, zu wenig Zeit für alle Vorhaben zu haben?

Wo und wann sind Sie in eine Stresssituation geraten?

Schreiben Sie alles auf. Überlegen Sie auch hier kurz, wie Sie die Dinge hätten vermeiden können. Wenn Ihnen nicht sofort einfällt, was Sie selbst hätten tun können, denken Sie generell an Dinge, die geholfen hätten. Vielleicht hätte es Ihnen geholfen, wenn das Meeting am Freitagnachmittag nicht eine Stunde länger gedauert hätte als geplant? Die Hauptsache ist an dieser Stelle, dass Sie die Verlustquellen identifizieren und sich in kleinen Schritten überlegen, wie die Situation besser ausgesehen hätte. Je mehr Zeit Sie investieren, desto eher fällt Ihnen – zumindest ein kleiner – Schritt ein, den Sie das nächste Mal anders gehen können, um Stress zu reduzieren.

Mura – Abweichung

Mura steht für Abweichung von Standards und Regeln. Oft wird dieser dritte Bereich auch als Unausgeglichenheit bezeichnet. Hierunter werden Verluste gefasst, die durch eine fehlende oder gar nicht vorhandene Harmonisierung von Kapazitäten der Fertigungssteuerung verursacht werden. Dies sind beispielsweise Staus von Aufträgen und das Entstehen von Warteschlangen an einzelnen Betriebsstationen. Sie entstehen etwa dadurch, dass nicht ausreichend Zeit für die einzelnen Schritte eingeplant oder das Timing verschiedener Prozesse nicht aufeinander abgestimmt wurde. Prozesse werden nicht so fertiggestellt, dass sie fließend ineinander übergleiten, sondern so, dass sich alle Teilbereiche an einer Station stauen. Kennen Sie noch Stationsarbeiten aus der Schule? Dabei erledigen Kinder eigenständig Aufgaben verschiedener Stationen nacheinander.

Einen Stau können Sie sich so vorstellen, dass an jeder Station nur drei Werkzeuge zum Erledigen der Aufgabe zur Verfügung stehen. Weil eine Station jedoch deutlich länger dauert als andere, sind plötzlich viel mehr Kinder an dieser Station beschäftigt als an anderen Stationen. Drei Kinder arbeiten die Aufgabe ab, während zwei andere Kinder auf die Station warten, weil sie mit ihrer Station bereits fertig sind. Wird das Ablaufen der Stationen nicht ausreichend koordiniert, bilden sich Störungen. So ähnlich kann ein Stau auch im Großbetrieb entstehen.

Die drei Mu betreffen grundsätzlich alle Bereiche, die für die Arbeit (u.a. auch für den Alltag) relevant sind. Dazu gehören:

- Mitarbeiter, beteiligte Personen
- Technik
- Methode und Strategie
- Zeit
- Werkzeuge, Vorrichtungen aller Art
- Bestände und Vorräte
- Material
- Arbeitsplatzorganisation
- Und viele andere

Wichtig ist an dieser Stelle, dass Sie sich vergegenwärtigen, dass es Verbesserungspotenzial nahezu an jeder Stelle gibt. Wenn Sie mit Verbesserungen beginnen, sollten Sie den Fokus zunächst auf die wichtigsten Bereiche lenken. Wo lohnt es sich am meisten, Ballast loszuwerden? Es geht nicht darum, sofort alle Verlustquellen zu beseitigen, sondern langfristig zu lernen, auf die Quellen zu achten und systematisch mit kleinen Schritten in eine bessere Richtung zu gehen.

Das Empowerment-Interview – Mit voller Kraft zur Potentialentfaltung

Empowerment – ein Wort, welches innerhalb der letzten Jahre einen enormen Popularitätszuwachs erfahren durfte. Sei es in Ratgebern, in den sozialen Medien oder gar in unserem Alltag – das Konzept des Empowerments ist schon längst in die Mitte unserer Gesellschaft gerutscht. Doch was verstehen wir denn nun darunter? Auf Deutsch bedeutet Empowerment ungefähr so viel wie *kraftgebend* und *ermutigend*. Kraft und Mut sind zwei äußerst wichtige Komponenten, die Einfluss auf diverse Bereiche unseres Lebens nehmen können. Durch Kraft und Mut lernen wir erst, unser Potential aufs Maximale zu entfalten, indem wir uns beispielsweise an Aufgaben wagen, die wir uns vorher nie zugetraut hätten. Sich ein Bewusstsein über seine eigenen Fähigkeiten und Potentiale zu schaffen, ist dabei manchmal gar nicht so einfach. Wir tendieren dazu, uns selber stark unter Druck zu setzen, sind selbst unser härtester Kritiker. In einem solchen Zustand ist es demnach kaum möglich, ausgiebig und erfolgreich durch eigene Kraft zu reflektieren. Sich etwas Hilfe zu verschaffen wäre also ein äußerst logischer Schritt. Das kann auf verschiedenste Art und Weise vonstattengehen, doch eine Methode, die dieses Vorhaben besonders erfolgreich in die Tat umsetzen kann, ist die des sogenannten Empowerment-Interviews. Diese Vorgehensweise beruht auf gewissen Fragen, welche als Mittel zum Reflexionsantrieb dienen. Ausgeführt wird es in mehreren themenspezifischen Stufen, welche graduell aufeinander aufbauen und Sie schrittweise zum Ziel führen. Das Interview sollten Sie im besten Fall mit einem anderen Mitarbeiter, welcher die Rolle des Interviewenden einnimmt, durchführen. Im Ausnahmefall können Sie die spezifischen Fragen jedoch auch alleine beantworten – nehmen Sie sich jedoch für beide Möglichkeiten stets Zeit und bleiben Sie dabei realistisch. Doch wie führen wir das Interview nun durch?

Stufe 1 – Fähigkeiten

Beginnen wir damit, uns mit unseren Fähigkeiten – also Talenten und Stärken – zu beschäftigen. Auch unsere Schwächen dürfen – und sollten— dabei bewusst angesprochen werden, denn wenn wir ein gewisses Ziel erreichen wollen, ist es essentiell, sich über die Gänze seiner persönlichen, fähigkeitsbezogenen Ressourcen bewusst zu sein. Außerdem können aus Schwächen auch ganz schnell Stärken werden! Das erfordert zwar etwas Arbeit, lohnt sich aber in den meisten Fällen enorm. Wir müssen nur wissen, woran wir denn nun genau arbeiten müssen. Genauso sollten wir uns über das, was wir bereits jetzt schon anwenden können, im Klaren sein. Die verwendeten Interviewfragen sollten sich also zielgerichtet auf diese Aspekte ausrichten. Schauen wir uns ein paar Beispiele dazu an und klären diese.

- **Angenommen, Sie haben Ihr Ziel erreicht, über welche Fähigkeiten verfügen Sie dann?**

Diese Frage regt Ihre Vorstellungskraft effektiv an, indem Sie sich selber fragen müssen, welche Fähigkeiten Sie nach Erreichen des Ziels erworben oder ausgebessert haben. Besonders hilfreich ist dies u. a. in Bezug auf limitierende Faktoren, die Sie gerne aufwerten möchten, oder neue Skills, welche es noch zu erlernen gilt.

- **Gibt es in Ihrem persönlichen Fähigkeiten-Pool solche, die Sie aktiviert hätten oder verstärkt einsetzen würden, um die Erreichung Ihres Ziels sicherzustellen?**

Natürlich dürfen wir Ihre bereits vorhandenen Stärken nicht außen vor lassen! Finden wir also heraus, worum es sich bei diesen Stärken denn überhaupt handelt. Fragen wir uns nun, welche Stärken denn überhaupt für die Erreichung des Ziels benötigt werden, und schauen dann bei uns selbst, welche wir von diesen besitzen, bevor wir uns mit denen, die Sie sich noch aneignen möchten, beschäftigen.

Stufe 2 – Einstellung

Die richtige Einstellung ist alles! Ohne ein positives Mindset ist es schwer, sein Ziel zu erreichen. Ein kontraproduktives Verhalten ist in der Regel mit einer negativen und ein produktives mit einer positiven Einstellung verbunden. Wenn wir uns jemanden anschauen, der sich beispielsweise sehr fleißig und mühsam verhält, ist es wahrscheinlich, dass sich dahinter eine disziplinierte und zielstrebige Einstellung verbirgt. Jedes Verhalten wird also durch die Einstellung angetrieben. Doch welche Interviewfragen können wir nun nutzen, um herauszufinden, welche Einstellung mit welchem Verhalten einhergeht?

- **Wie muss man über sich bzw. über andere denken, wenn man dieses Verhalten zeigt?**

Hierzu müssen wir uns in andere Personen, die das gewünschte Verhalten bereits aufweisen, hineinversetzen. Auch kann man diese ein wenig beobachten, um ihre Verhaltensweise genauer unter die Lupe nehmen zu können. Kurz gesagt geht es darum, herauszufinden, welche Gedankengänge hinter dem Verhalten einer Person stecken. Beispielsweise wird eine Person, die sich ständig neuen Herausforderungen stellt, nicht von Pessimismus geplagt sein, sondern eher positiv und optimistisch in die Zukunft blicken. Sie nimmt sich also als *Schaffer* oder *Macher* wahr und verkörpert jemanden, der nicht schnell aufgibt.

- **Welche Einstellungen werden in Ihrem neuen Verhalten sichtbar?**

Wie bereits angesprochen, steckt hinter jedem Verhalten auch eine gewisse Einstellung. Fragen wir uns also, welche Einstellungen in Ihrem neuen Verhalten nun deutlich sichtbar werden sollten. Was würden Sie und andere sehen, wenn Sie sich beispielsweise auf einmal äußerst produktiv verhalten würden? In diesem Fall könnte es sich beispielsweise um Disziplin oder Zielstrebigkeit handeln.

Stufe 3 – Werte

Auch Werte nehmen Einfluss auf unsere Leistung. Sie beeinflussen unser persönliches Verhalten und wirken sich auf unsere Arbeitshaltung aus. Werte können von Mensch zu Mensch sehr unterschiedlich sein, doch sicherlich besitzt jeder von Ihnen welche, die Sie gezielt in Ihr angestrebtes Zielverhalten einbauen können.

- **Welche Lebenswerte, die Ihnen wichtig sind, werden durch das Zielverhalten unterstützt?**
- **Welche Werte werden verstärkt und durch Ihr Verhalten gelebt und sichtbar?**
- **Welche Werte, die Ihnen jetzt schon wichtig sind, werden durch Ihr Verhalten genährt?**

Jemand, der zum Beispiel viel Wert auf eine optimistische Einstellung legt, wird durch ein optimistisches Zielverhalten auch gleichzeitig seine eigenen Lebenswerte positiv unterstützen können. Denn wenn wir mit ganzem Herzen und voller Überzeugung handeln, fällt das Ergebnis in der Regel immer positiver aus, als wenn wir uns von unseren Werten abwenden würden. Fragen wir uns also, welche Werte wir wie einbringen können und was das für unser Verhalten und die Dinge, die uns auch im Privaten wichtig sind, bedeutet.

Stufe 4 – Identität

Unser Verhalten ist eng mit unserer Identität verbunden, was sich sowohl auf unsere Selbst- als auch auf unsere Fremdwahrnehmung auswirkt. Identitäten sind dabei nicht stagnierend oder für immer festgesetzt, sondern können sich auch im Laufe der Zeit ändern. Die Etablierung neuer Verhaltensweisen wäre beispielsweise ein Faktor, der großen Einfluss auf die Veränderung von Identitäten nehmen kann.

- **Wer sind Sie, wenn Sie dieses Verhalten zeigen?**

Es geht nun darum, sich selber zu charakterisieren. Welche Faktoren bestimmen also Ihre Identität, wenn Sie sich auf eine gewisse Weise verhalten würden? Beschreiben Sie also sich als die Person, die Sie gerne sein würden bzw. verkörpern müssen, um Ihre Ziele erreichen zu können.

- **Welche Selbstdefinition haben Sie (dann)?**

Nachdem wir die einzelnen Merkmale aufgeführt und unsere Zielidentität grob charakterisiert haben, wollen wir nun eine Definition, die all diese Aspekte vereint, aufstellen. Schreiben Sie dazu beispielsweise doch einen kleinen Beschreibungstext (z. B.: *Ich bin ein Mensch, der immer mit Optimismus und Motivation an Sachen herangeht. Herausforderungen schrecken mich nicht ab und Fehler ziehen mich nicht sofort runter (...)).*

Stufe 5 – Zugehörigkeit

Manchmal kann es hilfreich sein, sich an anderen Personen zu orientieren. Diese könnte man als Vorbilder bezeichnen. Sie handeln so, wie wir das auch gerne tun würden, und regen dadurch zur Nachahmung an. Sich ein Vorbild zu suchen, stellt eine große Hilfe dar! Fragen wir uns dabei nun Folgendes:

- **Welche anderen Menschen zeigen dieses Verhalten auch?**

Schauen Sie sich doch mal um – wer von Ihren Kolleginnen und Kollegen verhält sich bereits so, wie Sie dies auch gerne möchten? Das müssen übrigens nicht unbedingt Ihre realen Kollegen sein. Auch andere Menschen (zum Beispiel bekannte Persönlichkeiten aus Ihrem Bereich, die international gefragt sind) können gerne hierzu betrachtet werden.

- **Zu welchen Menschen würden Sie sich zugehörig fühlen?**

Fragen Sie sich auch, welche Menschen das denn nun eigentlich sind, die Sie sich als Idol herausnehmen möchten. Arbeiten Sie heraus, welche Merkmale diese Menschen charakterisieren, und fragen Sie sich selbst, ob Sie tatsächlich auch zu dieser Gruppe gehören möchten – denn es ist äußerst wichtig, sich in einer Umgebung aufzuhalten, die auch wirklich Ihre Werte und Ziele widerspiegelt.

Stufe 6 – Mission, Botschaft, Metaziel

Die meisten Menschen streben nach einem gewissen Sinn in ihrem Leben – eine Art Mehrwert, der ihnen mitteilt, dass das, was sie tun, nicht einfach so in der Masse untergeht und vergessen wird. Wir wollen also nun herausfinden, was der Zweck unseres Projektes denn nun eigentlich ist und fragen uns deshalb:

- **Wenn es einen größeren Sinn geben würde, der über das Erreichen des Ziels hinausreicht, was wäre das?**

Denken wir also über den Tellerrand hinaus, um diese Frage zu beantworten. Wie könnte unser Ziel positiv die Zukunft beeinflussen? Wenn es sich beispielsweise um die Entwicklung eines neuen medizinischen Hilfsgerätes handeln würde, könnten Sie sich vorstellen, wie Sie mithilfe Ihres Beitrags aktiv Menschen zu einem besseren Leben verholfen haben.

- **Welche „Botschaft" für die Welt oder andere Menschen wird über die Erreichung des Ziels sichtbar?**

Sich im Klaren über die Botschaft hinter einem Ziel zu sein, hilft uns ungemein bei der Stiftung eines Zwecks- oder Sinngedanken weiter. Eine Botschaft ist dabei eine positive Nachricht, die mit einem Lerneffekt verbunden ist und zum Nachdenken oder gar zu positivem Handeln anregt. Kommen wir noch einmal auf das Medizinprodukt-Beispiel zurück. In diesem Fall könnte die Botschaft also wie folgt lauten: *Durch diszipliniertes Arbeiten und das Ausprobieren von neuen, kreativen Ideen können wir tatsächlich etwas erschaffen, wovon nicht nur wir, sondern auch unsere Mitmenschen nachhaltig profitieren können. Das Leben aller beteiligten Personen wird also deutlich verbessert!*

Bonus: So lösen Sie jedes Problem!

Systemische Beratung im Job – Der Schritt-für-Schritt-Guide

Langsam nähern wir uns dem Ende des Buches. Wir hoffen, dass Sie einige neue Dinge erfahren oder vielleicht sogar schon anwenden konnten – doch das ist noch nicht alles gewesen. Zu guter Letzt möchten wir Ihnen noch einen besonderen Guide mit auf den Weg geben – einen Guide, der Ihnen dabei hilft, jedes Problem im Berufsalltag erfolgreich und effizient zu lösen! Dieser Guide ist wie eine konkrete Anleitung aufgegliedert und lässt sich leicht auf jede reale Problemsituation übertragen. Schauen wir uns diesen nun einmal gemeinsam an.

1. Beziehung aufbauen

Probleme und Konflikte hängen stark mit den vorherrschenden Beziehungen innerhalb einer Gruppe ab. Manchmal harmonisiert man nicht mit den anderen Personen, manchmal gibt es Missverständnisse. Konfliktgeprägte Beziehungsverhältnisse bringen in der Tat niemanden weiter – allerdings können wir uns sehr simpel einen Raum schaffen, indem wir auf folgende Aspekte achten:

Angenehme Arbeitsatmosphäre schaffen: Die Arbeitsatmosphäre sollte möglichst stress- und spannungsfrei auf die Beteiligten wirken. Persistierende Anspannungen verhindern den effiziente und neutralen Austausch untereinander und sollten ergo möglichst vermieden oder beseitigt werden.

Rahmenbedingungen der Zusammenarbeit festlegen: Einfach *drauflos* zu arbeiten ist in den meisten Fällen leider keine gute Idee – eher sollte man das Ganze mit etwas mehr Strukturiertheit angehen, indem man gewisse Rahmenbedingungen (z.B. Regeln) festlegt. Zum Beispiel könnte dies bedeuten, dass nach jedem Schritt das bisherige Zwischenergebnis mit allen besprochen wird, bevor man fortfährt.

Anlass der Beratung erfragen: Wir wollen nun herausfinden, warum wir die Beratung denn überhaupt benötigen – kurz gesagt suchen wir also nach dem Grund, der den Beratungsanlass rechtfertigt und erklärt.

Erwartungen klären: Auch die Erwartungen, die sowohl mit der Zusammenarbeit als auch mit der Beratung in Verbindung stehen, sollten zu Beginn geklärt werden. Somit ist jeder auf demselben Standpunkt und weiß, in welche Richtung es gehen wird.

2. Anliegen konkretisieren

Das Anliegen, also die Frage nach dem *Warum* und dem *Was* in Bezug auf unser Problem, sollte ebenfalls geklärt, konkretisiert und für alle verständlich aufbereitet werden. Dazu sollten wir uns mit folgenden Unterpunkten auseinandersetzen:

Schlüsselbegriffe aufgreifen: Die wichtigsten Begriffe, die die Kernaussagen des Anliegens wiedergeben, sollten herausgearbeitet und aufgegriffen werden. Somit ist es möglich, weitestgehend zielorientiert zu handeln.

Auswahl treffen: Reduzieren wir die Schlüsselbegriffe nun so weit, bis wir wirklich nur die, die wir auf jeden Fall benötigen, vor uns liegen haben. Auch dies dient der Zielorientierung.

Hypothesen bilden und erweitern: Formen wir nun Hypothesen, die den Grund für unser Anliegen erklären könnten. Diese sollten gut durchdacht und mit Logik im Hinterkopf aufgestellt werden – bloße Behauptungen finden hier keinen Platz.

Anliegen klären und formulieren: Nun sollten wir die Anliegen aller beteiligten Personen klären. Was möchten Ihre Mitarbeiter (oder vielleicht auch Sie selbst) denn klären? Was belastet sie (oder Sie)?

3. Bearbeitungs- und Lösungsebene finden

Wollen wir nun die Ebene festlegen, auf der wir das Problem angehen und eine Lösung konzipieren möchten. Kurz gesagt bedeutet dies, sich mit den verschiedensten Methodiken zur Problemlösung aktiv auseinanderzusetzen und sich zuletzt auf einen passenden Weg festzulegen.

Suchprozess vorbereiten: Wir müssen uns zunächst fragen, wonach wir denn überhaupt suchen, also was das Ziel ist, auf welches wir hinauswollen. Dazu müssen wir uns stets das Anliegen vor Augen führen und sollten vielleicht auch schon einige Ideen sammeln, die uns während des Suchprozesses begleiten könnten.

Blickwinkel erweitern: Auch sollten andere Perspektiven eingenommen werden, um das Problem aus den verschiedensten Blickwinkeln betrachten zu können. Manchmal fahren wir uns in unserer Sichtweise leider etwas fest, weshalb die Inklusion neuer Perspektiven enorm hilfreich sein kann. Auch kann sich dies auf andere Lösungswege, die wir noch nicht kannten, beziehen – probieren Sie also auch mal etwas Neues aus!

Blickwinkel verengen: Nachdem wir den Blickwinkel erweitert haben, sollten wir diesen auch wieder verengen, indem wir uns auf die Sichtweisen fokussieren, die uns am relevantesten erscheinen. Dies gilt auch wieder für die Lösungswege – denn die, die sinnvoll wirken, sind es wert, weiter thematisiert zu werden.

Wirklichkeitsbilder entdecken: Wir sollten uns auch einen Überblick über die aktuelle, reale Situation (also das *Hier und Jetzt)* verschaffen. Was geschieht denn hier gerade tatsächlich? Was sind die Rahmenbedingungen der Situation, in der wir uns befinden?

Lösungsweg auswählen: Nachdem wir alle wichtigen Faktoren betrachtet und Lösungswege diskutiert haben, sollten wir uns nun begründet für einen entscheiden.

4. Impulse geben

Die Motivation Ihrer Mitarbeiter spielt eine wichtige Rolle bei der Etablierung neuer Lösungswege und hängt stark von den von Ihnen ausgehenden Impulsen ab – gehen wir diese Sache nun gemeinsam im nächsten Schritt an.

Zur Veränderung einladen: Laden Sie Ihre Kollegen aktiv zur Veränderung ein, indem Sie ihnen beispielsweise die Vision einer positiven Zukunft oder die Chance auf eine angenehmere Arbeitsatmosphäre (etc.) vor Augen führen – motivieren Sie sie also!

In Bewegung bringen: Durch konkrete Antriebe und Impulse (z. B. Vorgehenspläne und Motivationsreden) können Sie Ihre Kollegen nun auch in Bewegung – also zum Handeln – bringen.

Einen Unterschied machen und Veränderung erfragen: Veränderungen sollten auch immer einem Monitoring, also einer konstanten Beobachtung, unterliegen. Dies hilft uns dabei, zu erfahren, ob es bereits Verbesserungen gegeben hat oder ob wir uns erneut mit der Thematik auseinandersetzen müssen. Positive Veränderungen können beispielsweise aber auch zu mehr Motivation und Antrieb führen, indem sie uns den Erfolg und den Sinn unserer Arbeit aufzeigen.

Ideen entwickeln: Weitere, gut anwendbare Ideen sollten durchgehend entwickelt werden, da es teils rasch zu Änderungen kommen kann, die mit unverzüglichem Handlungsbedarf verbunden sind. Passen Sie diese Ideen an aktuelle Veränderungen und Situationen an.

5. Gespräch abschließen

Nachdem wir erfolgreich unser Problem beseitigen oder zumindest eindämmen konnten, ist es nun an der Zeit, das Problemgespräch abzuschließen. Egal, ob ein Kunde involviert ist oder nicht – die Konversation sollte immer mit einem möglichst zufriedenstellenden Resultat beendet werden. Das muss nicht unbedingt mit einer Lösung verbunden sein, sondern könnte sich beispielsweise auch auf den weiteren Fahrplan, spezifische kleinere Änderungen oder sonstige Erfolge beziehen.

Gespräch zusammenfassen: Alle wichtigen Aspekte sollten noch einmal aufgegriffen und zusammengefasst werden. So wird sichergestellt, dass nicht außer Acht gelassen, ignoriert oder gar zu wenig thematisiert worden ist. Vor allem bei längeren Gesprächen gilt dies als äußerst wichtiger Schritt bezüglich der Vermeidung des Vergessens von essentiellen Informationen.

Ausblick geben: Der Zukunftsblick spielt auch hier wieder eine entscheidende Rolle! Egal, ob Sie sich schon für eine konkrete Lösung entschieden haben oder noch an dieser werkeln – Sie müssen in beiden Fällen in der Lage sein, Ihre nächsten Schritte und (Zwischen-) Ziele in Worte fassen zu können – dies gibt sowohl Ihnen als auch Ihrem Kunden ein gewisses Gefühl der Sicherheit und des Optimismus.

Kunden verabschieden: Der Kunde sollte stets mit Respekt und Bedacht verabschiedet werden. Lassen Sie ihn wissen, dass Sie bei Fragen, Wünschen und Problemen natürlich erreichbar sein werden, und betonen Sie noch einmal Ihre Motivation, sodass ein Gefühl des Vertrauens erweckt wird.

Abschlusskommentar formulieren: Der Abschlusskommentar fasst nun noch einmal das Gesamtgeschehen zusammen. Außerdem bringen wir reflexive Gedanken ein, die die Gänze des Prozesses nochmals evaluieren und uns somit Aufschlüsse über die Dinge wie z. B. den Erfolg der angewendeten Strategien geben können.

Fassen wir also zusammen: der Abschlusskommentar kombiniert Beobachtungen, Reflexionen und sämtliche andere wichtige Gedanken sowie Informationen, wodurch wir einen Überblick über den aktuellen Stand bzw. Schlusstand in Bezug auf die vorliegende Problematik erlangen.

Nachwort

Gratulation! Sie haben sich mit Erfolg durch all die Seiten und Kapitel des vorliegenden Buches gearbeitet – das ist äußerst lobenswert. Systeme zu verstehen und in diese einzugreifen kann manchmal eine ganz schön herausfordernde Aufgabe sein, für die man sich erst ordentlich und effektiv wappnen muss. Egal, ob Sie sich beruflich mit systemischer Beratung beschäftigen, die Beratungsposition öfters einmal einnehmen oder einfach an dieser Form der Beratung interessiert sind – das Buch soll Ihnen immer (ganz egal, was noch so auf Sie zukommen wird) zur Seite stehen und als Hilfsmittel unterstützen.

Gerne können Sie auch die hier erwähnten Ideen aufgreifen und weiterentwickeln, vielleicht sogar ganz eigene Handlungswege konzipieren. Lassen Sie Ihrer Kreativität freien Lauf. Doch achten Sie natürlich darauf, sich die Komplexität eines Systems dabei immer vor Augen zu führen. Man kann dies nicht oft genug wiederholen, doch in einem System hängt alles voneinander ab. Beziehungen, Prozesse, Abläufe aller Art – diese Liste könnte unendlich lang weitergeführt werden. Sie zeigt uns, wie wichtig die Kenntnis über gute Methodiken, die einen reibungslosen Prozessablauf garantieren und uns Probleme mit Leichtigkeit lösen lassen, denn überhaupt ist. All diese Dinge beeinflussen den Erfolg und die Effizienz eines Unternehmens, einer Abteilung, aber natürlich auch von Einzelpersonen immens.

Wenn Sie sich systematisch und mit Verstand großen Herausforderungen stellen, können auch Sie Großes erreichen. Ferne Ziele kommen dann immer näher auf Sie zu – und diese werden Sie am Ende auch sicherlich erreichen können!